测试水质

池塘养泥鳅

大规格鳝种

定期检测水质

孵化槽孵化鱼苗

孵化桶孵化鱼苗

改良水质的专用水质改良剂

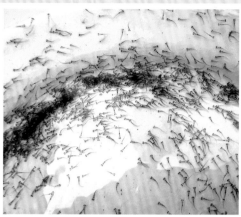

刚孵出的中科三号

中科三号

中科三号鱼种

刚用生石灰消毒的池塘

鲫鱼

加州鲈鱼

鲢鱼

罗非鱼

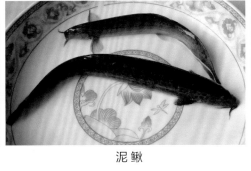

泥 鳅

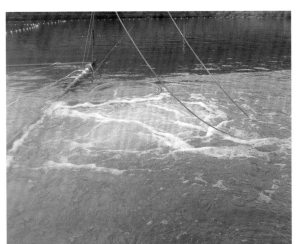

盘状微孔增氧

泼洒生物制剂来预防

青 鱼

调节水质的光合细菌

投喂的饲料

团头鲂

团头鲂苗种

微孔增氧养管的布设

线状微孔增氧

用漂白粉和生石灰混合消毒的池塘

鱼卵的孵化

池塘孵化

池塘里的增氧机

池塘里养殖的黄鳝

池塘循环水养殖1

池塘循环水养殖2

鳜鱼

鳜鱼苗种

黄颡鱼1

黄颡鱼2

技术人员在检查养殖情况

鳅 种

渗漏水池塘的改造

水产养殖场

水产养殖场的繁育池

轻松
养殖致富
系列

轻轻松松
池塘养淡水鱼

占家智　羊　茜　编著

化学工业出版社

·北京·

本书资料来源于大量一线养殖场、专业合作社和技术能手的养殖经验、技巧、诀窍，详解了我国池塘养淡水鱼的现状、特色与效益情况，适合池塘高效养殖的鱼类品种、习性，池塘生态环境要求与建设，人工繁殖技术技巧，优劣种苗列表对比，详解"八字精养法"等养殖技巧，将关键措施、经验总结浓缩至几个字，各种简单易学的要领、渔谚等；详解基于抽样法等科学方法总结出的精准投喂方法、管理技术与放养收获模式；详解基于国内外工厂化养殖、流水养殖、网箱养殖等开发出的各种高效益混养模式、鱼种比例、产值分析；详解基于美国科研成果的亩产 550 千克、效益 2000 元左右的 80：20 养殖模式，产量超过 200 千克/立方米的池塘循环水养殖放养方法与产值分析；详解微管增氧养殖、高密度养殖等其他高效益养殖模式；详解各类鱼病、鱼害的病因、对策、预防、治疗措施，图文并茂，技术成熟，使读者一看就懂，一学就会，一用就灵。本书适合广大水产养殖场生产经营人员、水产养殖户、水产科研工作者、水产技术推广人员等参考阅读。

图书在版编目（CIP）数据

　　轻轻松松池塘养淡水鱼/占家智，羊茜编著 . —北京：化学工业出版社，2019.6
　　（轻松养殖致富系列）
　　ISBN 978-7-122-34142-6

　　Ⅰ.①轻… Ⅱ.①占… ②羊…Ⅲ.①淡水鱼类-鱼类养殖 Ⅳ.①S965.1

　　中国版本图书馆 CIP 数据核字（2019）第 052857 号

责任编辑：李　丽　　　　　　　　　　　　文字编辑：焦欣渝
责任校对：杜杏然　　　　　　　　　　　　装帧设计：关　飞

出版发行：化学工业出版社（北京市东城区青年湖南街 13 号　邮政编码 100011）
印　　装：大厂聚鑫印刷有限责任公司
710mm×1000mm　1/16　印张 15　彩插 3　字数 236 千字　2019 年 9 月北京第 1 版第 1 次印刷

购书咨询：010-64518888　　　　售后服务：010-64518899
网　　址：http://www.cip.com.cn
凡购买本书，如有缺损质量问题，本社销售中心负责调换。

定　　价：59.90 元　　　　　　　　　　　　　　版权所有　违者必究

前 言

　　我国是一个拥有五千年历史的文明古国，在各地考古发掘的文物以及古代书画作品中，人们经常发现鱼骨、鱼器皿、鱼形图案、象形的"鱼"字，由此可见，鱼类是我们先祖的重要食物，且捕鱼、养鱼活动一直伴随着我们的先祖。

　　我国是世界上池塘养殖淡水鱼最早的国家，至少可以追溯到三千多年前的殷商时期。考古专家从殷墟出土的甲骨文字的卜辞中，已经发现有关池塘养淡水鱼的文字记载。约在公元前460年的春秋时代，越国大夫范蠡编写了举世闻名的《养鱼经》。《养鱼经》以淡水鱼的代表品种——鲤鱼为对象，用问答形式精炼概括地全面阐述了人工池塘养鱼的环境特点和要求，鱼类的繁育、饲养技术、混养和天然饵料的利用问题。全书虽然只有五百字，却闪烁着中华古代池塘养鱼技术经验的光辉。

　　新中国成立70年来，我国水产业发展很快，尤其是改革开放的几十年，我国渔业崛起的速度令世人瞩目，在鱼产量方面，我国的池塘养鱼尤其是精养鱼池的养殖做出了巨大贡献。池塘养淡水鱼是个系统工程，对养殖的各个环节如池塘的改造与清整、苗种的培育、亲鱼的培育与繁殖、饲料的供应与科学投喂、疾病的防治、水质的管理、各种饲养方法的探索等都有一定的要求。我们在多年的池塘养殖生产与技术推广中，结合自身的实践、经验、试验，以及向一些"土专家"请教，编写了这本《轻轻松松池塘养淡水鱼》，也希望本书能成为广大养殖户提高池塘养殖效益的致富"宝典"。

　　本书所介绍的养殖技术具有技术可靠、实用性强、可操作性强的优点，在编写过程中，先后请教了多位专家、学者，也得到了一些同行的帮助，并参阅了他们的有关文献资料，在此一并表示谢意！

由于水平有限，在编写中难免会有一些疏漏，恳请读者朋友指正为感！

占家智

2019 年 2 月

目 录

第一章 概述 / 001

第四章　池塘养殖成鱼 / 90

第六章　鱼病防治 / 184

第一章

概　述

我国渔业由养殖和捕捞两大部分构成，其中 70% 以上的水产品是由养殖获得，因此养殖是我国获得水产品的主要途径之一。池塘养鱼具有专业化程度高、产品商品率高、养殖面积相对较小、人为可控性极强、污染较小、便于管理的优点，是我国内陆水域中渔业发展的最主要方式。因此，大力发展池塘养鱼、不断提高池塘养鱼的单产和养殖效益，是推动我国水产养殖业再上新台阶、促进渔业产业化和产品商品化的主要措施，发展前景十分广阔。

第一节　我国池塘养淡水鱼的发展

在面积较小的池塘里进行淡水鱼的养殖，是一种在封闭水体中的鱼类养殖，相对来说，池塘是经常处于静水状态的小型水体，多由人工开挖或天然水潭改造而成，面积一般数亩（1 亩＝667 米^2）到数十亩，是中国历史上最早的一种养鱼方式，也是目前我国淡水养殖最主要的生产方式。由于池塘水体较小，人为控制条件也比较成熟，水质容易控制，养殖技术也容易掌握，因此成为历来群众性养鱼的主要方式。池塘养淡水鱼具有静水养鱼的特点，适宜不同栖息习性和食性的种类进行混养，可以充分利用水体和饵料，同时还可以使用施肥的方法来培养天然饵料，特别适宜于发展中国家的农业现状（图 1-1）。

中国淡水养殖面积和产量居世界首位。我国鱼类养殖已有 3000 多年

图 1-1　池塘养淡水鱼

的历史，在人类的进化过程中，鱼类养殖也随之发生改变，由最初的天然捕捞发展到池塘养殖，由捞取天然苗种发展到定向培育苗种，由单一的池塘养殖发展到湖泊、水库、稻田、网箱等多种养殖模式，由仅放养鲤鱼发展到四大家鱼一起养殖再发展到名特优新多品种混养，由粗放养殖发展到高产高效的精养，由青饲料发展到精饲料再发展到配合饲料等，在这一系列的发展过程中，贯穿这条主线的是渔业发展简史。

一、 池塘养淡水鱼技术发展史

1. 古代发展史

刘宠光根据甲骨文"贞其鱼，在圃渔"，推断我国古代池塘养鱼始于公元前 12 世纪的商王武乙迁都前，到周代渐渐普遍。古代主要是养殖鲤鱼，因此《养鱼经》对池塘养鲤鱼介绍得比较全面，从建池、人工繁殖鱼苗到养成后的鱼产量和经济效益都作了说明。对池塘的要求，《养鱼经》中规定鱼池面积为 6 亩，水深为"谷上立水二尺，又谷中立水六尺"，即浅水位为二尺（约合如今 0.7 米），深水位为八尺（约合如今 2.5 米）。面积和水深是重要的池塘条件，水深更与鱼产量关系密切，早在 2400 多年前，我国劳动人民已在生产实践中掌握了池塘条件与鱼产量之间关系的规律。《养鱼经》的中心思想是强调养鲤鱼的经济效益，得出"治生之法有五，水畜第一"的精辟论断。齐威王按照范蠡所说的去做，一年得钱 30万。由于古代讲究避讳，到了唐朝，鲤鱼养殖受到了严重摧残，勤劳的人民经过不断的生产实践、选择和尝试，以鲢、鳙、青、草及华南地区的鲮鱼为新的池塘养殖对象，并从单一的养鲤发展到多品种鱼类的混养，这是养殖技术史上的跃进。这种养殖状况一直延续到新中国成立，其间仅是池塘养殖面积的扩大、品种略有增加而已。

2. 新中国成立后的发展史

新中国成立后，在党和政府的领导下，我国池塘养殖业得到快速恢复和发展，池塘养殖技术也不断发展提高，可简要分为五个年代：一是 20世纪 50 年代，全国水产业稳定而迅速地发展，池塘养殖占淡水养殖的主要部分。1958 年全国各地养殖的先进经验被总结为"水""种""饵"

"密""混""轮""防""管"的"八字精养法"（也称"八字养鱼经"），其中，"水""种""饵"是养鱼的物质基础，后五个字则是充分发挥前三个字增产潜力的技术措施。同时池塘的四大家鱼人工繁殖也获得成功。二是 20 世纪 60 年代，池塘养殖技术进一步得到了充实和发展，突出饲养管理的"五四"法，即投饵"四定"（定时、定质、定量、定位）、"四看"（看天气、看季节、看水色变化、看鱼的活动和摄食情况）、"四早"（早整塘、早放养、早开食、早驻塘口）、"四勤"（勤巡塘、勤检查、勤做清洁卫生工作、勤研究情况）、"四防"（防泛池、防病、防汛、防破坏）；同时加强鱼池的改造建设，即实施"四改"工程——小池改大池、浅池改深池、低埂改高埂、死水池改活水池。三是 20 世纪 70 年代，池塘推广使用增氧机是一项突出的技术进步，促进了池塘密放精养和鱼产量的提高。同时在池塘中普遍实行大规格鱼种的套养。四是 20 世纪 80 年代，池塘养鱼发展的一个重要特点就是配合饲料的研制和在生产上的推广应用，同时在全国范围内开展了池塘大面积高产综合技术试验，效果显著，大大推动了池塘养鱼的全面增产。五是 20 世纪 90 年代到现在，最明显的变化就是大路货——四大家鱼产量极高，达到了"双千"（亩产 1000 千克鱼、增收1000元）目标，量的问题已经解决，优质高效的水产品提上渔业生产者的日程，因此在这一段时间里，主要是引进、推广国外的特种水产品，驯化、提纯、复壮具有推广应用价值的土著名优新品种。

二、 池塘淡水鱼苗种培育发展史

1. 古代发展史

要想养好鱼，就必须先有优质苗种的充足供应。我国在池塘中进行苗种培育的鱼的种类首先是鲤鱼，然后是青、草、鲢、鳙四大家鱼。从历史文献来考证，苗种培育技术起源于春秋战国时期。根据范蠡的《养鱼经》注："以六亩地为池，池中有九洲，求怀子鲤鱼长三尺者二十头，牡鲤鱼长三尺者四头，以二月上庚日内池中令水无声，鱼必生……至来年二月，得鲤鱼长一尺者一万五千枚，三尺者四万五千枚，二尺者万枚。枚值五十，得钱一百二十五万。至明年得长一尺者十万枚，长二尺者五万枚，长三尺者五万枚，长四尺者四万枚。留长二尺者二千枚作种，所余皆取钱，五百二十五万钱。候至明年，不可胜秆也。"

以上记载对当时鲤鱼的池塘繁殖、苗种与成鱼的养殖及销售情况做了比较全面的介绍。到了唐末，据段公路《北户录》载，当时的鲤鱼产卵、孵化、苗种培育已开始分塘进行了。四大家鱼则是在唐初（公元618年）到唐末（公元904年）的286年间发展起来的。这是因为鲤鱼沾了唐朝皇帝"李"姓的光，被封为"国鱼"，只能养，不能卖，更不能吃，否则，轻者挨六十大板，重者杀头。因此，生长在长江、珠江边的渔民，从江里捞取天然苗种加以试养。由于苗种来源于江河，而且夏花都在水温较高的季节育成，运输成活率受到影响，这样就形成了专塘培育一二龄鱼种作为商品鱼生产的方式。唐朝以后，经过动乱的五代十国进入宋朝，鱼苗的培育和运输有了很大的发展，江洲（现在的九江一带）产的鱼苗，已远送到江西省各县和福建省、浙江省等地培育鱼种，同时在运输过程中，将体大而色深的害鱼去掉。到达运输目的地后，将鱼苗放在池水里的大布兜（相当于现在的网箱）里，饲养至"乌仔"或夏花出售。到了明代，四大家鱼的苗种培育就更为完备了，那时黄省曾的《养鱼经》和徐光启的《农政全书》就有记载。例如黄省曾的《养鱼经》比较详细地叙述了鱼苗是从大江中张捕而来的，开始以鸡鸭蛋黄、大麦麸或熟豆粉为饲料，稍微大一些就出售，从而降低池鱼密度，这种随着鱼体的增大和载鱼密度的增加而分级饲养的方法，对充分发挥鱼池水体的增产潜力起到了积极的作用，在技术上是一个新的突破。其中讲道，鱼池北面（即向阳的一边）要深，饲料要投在北边，每日定时投饵两次，小鱼饲料要注意细喂，水温下降到冬季可以不喂，这种鱼池的结构，对池鱼的避暑御寒是有利的，饲料投放也是符合"定时、定位、定质、定量"的四定投饵原则的。从清朝开始，苗种培育技术又有了一些新的发展，人们已经能从鱼类分层次活动的习性中区别青、草、鲢、鳙、鲮等鱼，将它们分开培育，并按照不同鱼类的生态要求，采取相应的增产措施，起到了一定的推动作用。在民国期间一些鱼类学家开始对全国的水产情况进行调查，并出版了《中国鱼苗志》一书。

2. 新中国成立后的发展史

新中国成立后，我国的渔业苗种培育技术进入一个崭新的时代。1949～1952年的经济恢复时期，在苗种生产方面，党和政府全面组织和资助了沿江渔民和重点养鱼地区张捕、运输鱼苗、集中培育夏花、分散饲养鱼种等工作，同时还对湘江流域的产卵场、鱼卵、鱼苗张捕以及太湖流域的养鱼业做了深入的调查研究，并在华东、中南、东北等地新建、改建了如太湖鱼种试验场、东湖养殖场等单位，为研究、总结、普及、提高养鱼技术，尤其是鱼种繁育技术，起到了示范指导作用。1953～1957年的第一个五年计划期间，我国组织开展青、草、鲢、鳙鱼的人工繁殖研究。1958～1962年是我国养殖鱼类苗种生产发生根本变革的时期，突出表现在四大家鱼人工繁殖技术的突破，使历史上依靠少数地区生产从江河中捞苗的状况得到了彻底改变，全国各地都有可能按照就地繁殖鱼苗、就地培育鱼种、就地养殖成鱼的"三就地"方针进行养鱼生产。1963～1967年在苗种生产上主要是改进和提高家鱼人工繁殖技术，扩大推广应用范围，改革鱼苗培育技术。这期间主要推广应用了广东、广西地区的大草、牛粪培育鱼苗和江浙一带的豆浆培育鱼苗，并加以吸收改良，结合成"肥水下塘、适当稀放、施肥投饵相结合"的综合养鱼苗法，彻底解决了各地的苗种供应问题。1968～1975年，传统的苗种生产技术没有重大改革，只是在养殖对象方面做了筛选、引进和推广。1976～1980年推广应用了湖汊、库湾、塘堰种植稗草饲养鱼种，网箱、网栏培育鱼种，草浆培育鱼种等技术。从1981年至今，是我国历史上发展渔业最快的时期，苗种生产也取得了一些喜人的成绩，除了引进一些具有推广价值的鱼类外，还解决了它们的繁殖和苗种培育问题，同时三倍体鱼类的研究也取得了突破性进展，如全雄性莫桑比克罗非鱼的杂交成功、三倍体异育银鲫的培育成功、湘云鲫（工程鲫）的选育等。

三、 新中国成立后我国池塘养淡水鱼的发展和成就

自新中国成立以来，在党和政府的重视下，我国池塘养鱼得到了蓬勃的发展，不但在产量上有显著增长，而且还取得了其他一系列的成就。

1949～1957年，这是三年恢复和第一个五年计划时期。1957年，我国淡水鱼总产量达到118万吨，比1950年36.6万吨增长了两倍多。以鱼类繁殖专家钟麟为首的研究人员于1958年试验成功家鱼人工繁殖，首先在世界上突破了鲢、鳙鱼在池塘中人工繁殖的技术难关，孵化出鱼苗，为我国鱼类增养殖事业的大发展奠定了扎实的基础。随后，我国水产工作者又利用相同的原理和方法共解决了鲢鱼、鳙鱼、草鱼、青鱼、鲮鱼，以及团头鲂、胡子鲶、中华鲟、长吻鮠、鲈鱼、牙鲆、大黄鱼等几十种增养殖鱼类和珍稀鱼类的人工繁殖难题，使多种鱼类的混养、套养和生产的大发

展成为可能；同时总结渔民群众丰富的养鱼经验，将其概括为"水、种、饵、混、密、轮、防、管"八个技术关键，简称"八字精养法"，并将其上升到理论，从而建立起我国鱼类池塘养殖完整的技术体系。

在池塘养殖过程中，为了解决大量的苗种需求，我国通过引种驯化、遗传育种、生物工程技术等方法，开发了大量的鱼类增养殖新对象。特别是自 20 世纪 90 年代起，名、特、优水产品养殖活动的掀起，促进了增养殖对象的扩大——主要有中华鲟、史氏鲟、杂交鲟、俄罗斯鲟、虹鳟、银鱼、鳗鲡、荷元鲤、建鲤、三杂交鲤、芙蓉鲤、异育银鲫、彭泽鲫、淇河鲫、胭脂鱼、露斯塔野鲮、大口鲶、革胡子鲶、长吻鮠、斑点叉尾鮰、黄鳝、鳜鱼、鲈鱼、大口黑鲈、条纹石鮨、尼罗罗非鱼、奥利亚罗非鱼、福寿鱼、鳗鲡、河豚等，成为鱼类池塘养殖获得高产高效的有效保证之一。

为了解决我国池塘养鱼的鱼饲料问题，科研工作者对我国的几种主要养殖鱼类的营养生理需求进行了研究，探索它们对蛋白质、各种必需氨基酸、脂肪、碳水化合物、维生素及各种矿物质的需求，为生产鱼类配合饲料提供了理论依据。近年来，已开始将配合饲料与我国传统的综合养鱼方法结合起来，加速了鱼类生长，提高了饵料利用率和经济效益。

"养鱼不瘟，富得发昏"，池塘养鱼由于养殖密度的增大、养殖产量的提高、投饵量的加大，导致了池塘养鱼各种鱼病的不断发生，给广大养殖户带来了巨大的经济损失，为了更好地为池塘养鱼服务、减少鱼病对池塘养鱼造成的损害，我国水产工作者对主要池塘养殖鱼类的常见病、多发病的防治方法进行了长期的研究，取得了可喜的成绩，基本上控制了鱼病的发生。近年来，病害防治的重点又着眼于改善养殖对象的生态条件，推广生态防病，实行健康养殖，从养殖方法上防止病害的发生，并取得了较大的进展。

第二节　我国池塘养淡水鱼的特色与效益

淡水鱼类是终生生活在淡水中的变温性脊椎动物，体温随环境的变化而变化。它们的体表大多生有鳞，用鳍游泳，以鳃呼吸；多数鱼有鳔；心脏只具有一个心耳和一个心室；听觉器官只有内耳。其常见的典型代表是鲤鱼、鲫鱼等。

一、我国淡水鱼及水域资源

1. 我国淡水水域资源

我国幅员辽阔，淡水水域宽广，是世界上淡水水域面积最大的国家之一，内陆江河纵横，湖泊、水库、池塘更是星罗棋布，内陆水域总面积约2.64亿亩，其中河流1亿多亩，湖泊1亿多亩，水库8600多座、3000多万亩，池塘3000多万亩，可供养鱼水面约8460多万亩。这些水域绝大部分地处亚热带和温带，气候温和，雨量充沛，日照较长，适合于鱼类增殖和养殖。以长江、钱塘江、淮河流域三大水系为主干的华中区，是我国内陆水域分布最密集的地区。全区水域面积达800万公顷，可养殖水面为248.9万公顷。本区气候适宜，雨量充足，四季分明，是我国池塘、湖泊、水库最重要的渔业基地，水产养殖业历来较发达，素有"鱼米之乡"之称。因此，我国鱼类资源相当丰富，而且分布范围很广。以珠江、闽江水系为主的华南区，除台湾省外，总水域面积139万公顷，可养殖水面66.6万公顷，全区降水充沛，年平均气温15～21℃，鱼类生长期长，是重要的养殖水域。以黄河、海河水系为主的华北区，总水域面积97.8万公顷，可养殖水面65.7万公顷，本区雨量多集中在5～9月，此时也是鱼的生长旺季。

池塘养鱼是我国淡水养殖业的重要支柱。池塘水体较小，便于人工控制，能够进行高密度精养，获得较高的单产。

新中国成立后，我国湖泊、水库、河道的养殖利用进一步提高，初期只是天然捕捞，以后开始人工投放鱼种，一般主养滤食浮游生物的鲢、鳙鱼类，配养草、鲤、鲫、鲂鱼类。

2. 我国淡水鱼资源

我国淡水鱼类资源丰富，内陆土著淡水鱼类共804种，分别隶属于13目39科232属。其中鲤形目的种类为最多，有632种。在这些种类繁多的鱼类中，有经济价值的品种约40～50种。

在这些鱼类中，凡是生长迅速、肉味鲜美、苗种容易获得、饲料能够解决、适应较强的鱼类，均可作为高效淡水养殖的对象。目前在我国高效养殖的对象不仅有分布极广的鲤鱼、鲫鱼、青鱼、草鱼、鲢鱼、鳙鱼、哲罗鱼、细鳞鱼、狗鱼、鳡鱼、鲂鱼、鳊鱼、翘嘴红鲌、鲮鱼、黄颡鱼、鲶鱼、鳗鲡、黄鳝、罗非鱼、乌鳢、鳜鱼等，还有名贵的银鲴、鲥鱼、中华鲟、松江鲈、河豚等品种。另外还包括我国从国外引进的养殖鱼类 60 余种，如尼罗罗非鱼、虹鳟鱼、革胡子鲶、淡水白鲳等，从国外引进的还有通过杂交培育出来的丰鲤、荷元鲤、异育银鲫等，其中移殖效果较好，并已大批量推广生产的有 20 余种。

二、 我国池塘养淡水鱼的特色

淡水养殖是人类获得动物性蛋白质来源的重要途径之一。其生产较稳定，投资少，收益高，且发展潜力大。鱼类养殖已成为我国水产品增长的主要途径，我国池塘养鱼在长期的发展过程中，根据本国水产特点，形成了自己独有的特色。

1. 养殖品种的选择范围广

根据池塘的生态特点，选用生长快、肉味美、食物链短、适应性强、饲料容易解决、苗种容易获得的鱼类作为我国的主要养殖鱼类，这些鱼类包括鲢、鳙、草、青、鲤、鲫、鲂、鳊、鲮等。这些养殖鱼类由于具有上述特点，几乎可以适用于任何淡水水域，而且养殖的成本低、收入高，经济效益显著，非常适合我国广大农村的池塘养殖特色。

2. 因地制宜解决鱼用肥料和饲料问题

在解决鱼用肥料和饲料问题方面，充分利用当地天然饵料资源和某些有机肥料（如禽、畜粪便）以及农副产品加工后的废弃物（如糠、饼、麸、糟类）作为养殖鱼的肥料和饲料。同时也在大力推广应用颗粒饲料，主要是浮性颗粒饲料的大量应用，极大地开拓了大面积池塘养殖的饲料来源，提高了养殖效益。

3. 养殖模式的多样化

我国淡水鱼的养殖不再是单一的单品种养殖，在吸收国外先进的流水养鱼、网箱养鱼、工厂化养鱼的经验基础上，加以改进，探索出了更适宜我国国情的多样化的养殖模式，最显著的例子就是充分开发出立体混养的养殖技术，也就是在同一水体中确定以某一种主养鱼为主，同时混养多种鱼类的养殖模式，这是我国劳动人民在长期的生产实践中探索、积累的生产经验。混养是根据各种鱼类不同的生活习性、食性和栖息水层等生物学特性，按食性和栖息水层合理搭配、立体放养不同鱼类的养殖方法。它可以充分利用不同鱼类之间的互利作用和不同水层的饵料，最大限度地利用养殖水体的生产潜力。

4. 综合养鱼技术的应用

在池塘养淡水鱼的经营模式上采用综合养鱼的方式来达到增产增效的目的，也就是在养殖上采用以鱼为主，渔、农（经济农作物、中药材、蔬菜、花卉、果树等）、牧（畜、禽养殖）三业配套；在经营上，贸、工（农副产品加工工业）、渔三业联营。通过综合养鱼，将池塘养鱼与种植、畜牧、加工、环保、营销等行业有机结合起来，构成水陆结合的复合生态系统。通过这种有机结合，强调食物链的多级、多层次的反复利用，不仅合理利用了资源，提高了能量利用率，而且循环利用废物，避免了环境污染，保持了增养殖业的生态平衡，也大大增加了水产品及其他动植物蛋白质的供应量，降低了成本，提高了经济效益。

三、 池塘养淡水鱼的效益

根据多年在基层为水产做服务工作的经验，笔者认为淡水鱼的池塘养殖就是一项获利和环境保护相结合的技术工程，生产的整体效益包括淡水鱼饲养后所取得的经济效益、社会效益和生态效益。

1. 经济效益

生产出来的鱼产品是否有市场，即养殖鱼类的价格和销路是否有保证，是选择养殖鱼类的首要依据。要求被选择的养殖对象必须是能产生较高经济效益的鱼类，同时还要有提高附加值的能力。

2. 社会效益

被选择的养殖对象不仅能高产、优质，而且还能为均衡上市创造条件

（如容易捕捞、运输不易死亡等）的鱼类。更重要的是淡水鱼高效养殖后可为社会提供优质放心的水产品，满足市场对水产品的消费需求，还能增加社会就业和带动农民增收致富。

3. 生态效益

淡水鱼高效养殖无论从设计到生产，都要考虑对环境的影响，一定要做到不能对当地的自然环境产生负面影响和破坏生物多样性，同时选择的养殖对象在生物学上要具有能充分利用自然资源、节约能源、循环利用废物、提高水体利用率和生产力、改善水环境等特性。被选择的养殖对象通过混养搭配、提供合适的饵料等措施，保持养殖水体和养殖企业的生态平衡，提高生态效益，促使养殖生产的持续稳定发展（图1-2）。

图1-2　池塘的生态养殖

为使上述三种效益密切结合，我国渔业科技工作者在总结传统的农、牧、渔业三结合的基础上，创造性地把养鱼、种植、畜牧、加工、环保、营销等行业结合起来，形成水陆结合的多元化的复合生态养鱼模式，不仅使经济效益、社会效益和生态效益互相渗透、互相促进、密切联系，而且通过整体优化，达到了高产、优质、低耗、高效、无污染、多产品的目标，使水产养殖业保持可持续发展，进一步发挥了生产的整体效益。

四、 提高池塘养淡水鱼效益的方法

俗话说，"水里摸葫芦"，说明在水里养东西还是有一定风险的，因此要想淡水鱼高效养殖取得较好的效益，在讲究生态效益和社会效益的同时，一定要抓好经济效益，这是进行淡水鱼高效养殖持续、稳定、有序地发展的基础。

1. 算好经济账

在进行淡水鱼养殖前，一定要好好地算算账，先去核对养殖的成本、收益和市场前景，在确定成本可控、市场可抓、收益可靠后再进行养殖。

2. 养殖高质量的鱼

一旦进行养殖，就一定要养好质量高的鱼，这样才能有好的市场，才能卖上好价格。要严格按照有关食品卫生的标准去规范操作和生产，进行合理密度无病化高效养殖，目的是在养殖过程中尽量不使用化学药物，以保证养成的淡水鱼是高品质的水产品，市场的认知度高，这才是好效益的保障。

3. 打出品牌

一个好的品牌，对它的销售是非常有帮助的，不但产品价格好，而且市场抢手。这方面的例子比较多，例如"阳澄湖大闸蟹""盱眙龙虾""密云水库胖头鱼""天目湖鱼头"等都是有名的例子，一个品牌是养殖场软实力和硬价值的体现，因此在开发养殖高质量的淡水鱼时，一定要做好品牌的营造工作。

4. 降低养殖成本

同样的产量、同样的市场，有的养殖户生产成本较低，那么他的收益自然就高。因此，降本增效是我们在养殖时必须考虑的一件大事，这方面的技巧包括如何选好养殖品种、如何选择合适苗种、如何自繁自育鱼种、如何准备饲料及科学投喂等。

5. 适时销售

养殖上有一句俗语，"会养不会卖"，说的就是养殖好淡水鱼，但是不会销售，结果也没有取得好的经济效益。因此在销售时既要考虑季节性、做好应时上市，也要考虑销售淡季的市场，做好轮捕轮放、瞄准上市。另外也要做好自己水产品的广告宣传，扩大知名度。

第三节　适合池塘养殖的鱼类

要想池塘养鱼取得好的经济效益，必须先了解那些适合在池塘中养殖的鱼类的生长特点，然后根据养殖需求、养殖规模、养殖产量的预期，做到养殖品种对头、养殖方式对路、养殖模式恰当、养殖技术合适，使养殖对象的生长速度达到最快，从而获得最佳的经济效益。

一、池塘养鱼的鱼类生长共同特点

和所有的动物一样，鱼类的生长也包括体长和体重两方面的增加，也就是说在池塘的养殖环境中，随着养殖时间的推移，经济鱼类的体长会渐渐增长，而体重也会渐渐增加。虽然各种鱼类都有自己具体的生长特性，但是作为鱼类来说，它们的生长也有其固有的特性，这些共同的特点包括以下几个方面：

1. 鱼类生长的阶段性

所谓生长的阶段性，就是生物在不同时期会表现出不同的生长速度，具体地说就是在不同的阶段，它们的生长速度是有一定差异的。

鱼类也有明显的生长阶段性，我们通常会将鱼类的生长分为三个阶段，即青春阶段、成年阶段和衰老阶段。青春阶段就是指鱼类首次性成熟之前的阶段，在这个阶段，鱼类处于旺盛的青春期，它们的新陈代谢速度很快，当然它们的生长速度也很快，尤其是它们的体长增长最快，因此这个阶段我们也称之为鱼的体长快速增长阶段；成年阶段就是指鱼类在首次性成熟后的阶段，在这个阶段，鱼类由于需要足够的能量来满足性腺发育和繁殖的需求，这时它们的生长速度明显减慢，尤其是体长增长有限，主要是体重的增加，并且在若干年内这种趋势变化不大，该阶段我们也称之为鱼的体重增长阶段；最后阶段称衰老阶段，进入本阶段后，生长率明显下降直到老死。

不同种类的鱼，它们的生长阶段有一定的差别。性成熟越早的鱼类，由于大部分的营养和能量都转化为性腺发育，因此它们的成年个体越小。同一种类的鱼，在不同的阶段，雌、雄鱼的生长速度也有一定的差别，这种差别最明显的就是雄鱼往往比雌鱼先成熟，例如池塘中养殖最广泛的鲤科鱼类的雄鱼大约比雌鱼早成熟一年。因此，雄鱼的生长速度提早下降，造成多数鱼类同年龄的雄鱼个体比雌鱼小一些。在进行池塘养鱼时，为了提高池塘单位鱼产量和养殖的经济效益，我们都是将鱼类生长最快的阶段作为主要的养殖周期，如果不是为了繁殖的需要，一般只将鱼养到性成熟以前就要及时捕出，使其在有限的投入中取得最大的体长增长和体重的增加。

2. 鱼类生长的季节性

在池塘养鱼时，鱼类的生长与水体的环境有密切关系，鱼类栖息的水体环境、水温、光照、营养、盐度、水质、溶氧、透明度等均影响鱼类的生长，其中尤以水温与饵料等对鱼类生长速度影响最大。而水温和饵料与季节的关系非常密切，季节不同，水温也不同，水体内的天然饵料丰欠也不相同，从而直接导致以此为饵的鱼类的生长有明显的季节性变化，另外不同的季节鱼类的摄食欲望也不相同，从而导致鱼类的生长速度也不相同，呈现出生长的季节性。因此鱼类生长一般以一年为一个周期，所以在池塘养鱼时，我们也是以一年为一个养殖周期。

在鱼类生长的季节性方面，最明显的就是从春末至秋初时段，水温较高，因此这个阶段也是鱼类的主要生长阶段，而到了冬季，几乎所有的鱼都会进入冬眠状态，也几乎不生长。

3. 鱼类生长的群体性

鱼是群居性动物，这种群居性有利于群体中每一尾鱼的生长，并有相互促进的作用。我们在进行池塘养鱼时，一般不会一尾一尾地养殖，而是采取高密度养殖，有时也采用多种鱼立体式混养，在合适的密度范围内，它们的生长速度与摄食状况都要比单一饲养某一种鱼强得多，生长速度也要快。

二、 池塘养殖品种的选择

正确选择合适的养殖鱼类，是池塘养鱼获得成功的先决条件之一。目前我国淡水水体中饲养的鱼类已超过 100 种，如何因地制宜地选择最优的养殖鱼类，以便使有限的投入取得最大的经济效益、社会效益和生态效益，是养殖中首先遇到的关键技术问题。

不同种类的鱼在相同的饲养条件下，其产量、产值有明显差异。这是由它们的生物学特性所决定的。与生产有关的生物学特性（即生产性能）是选择养殖鱼类的重要技术标准。作为养殖鱼类应具有下列生产性能：

1. 生长快

选择的养殖品种，只有生长快、增肉率高、在较短时期内能达到食用规格，才能为养殖户带来收益。

2. 食物链短

在生态系统中，能量的流动是借助于食物链来实现的。一个好的优良品种，它的食物链越短越好，食物链越短，饲料转化为最终鱼产品的效率就越高，养殖效益也会随之提高。

3. 食物来源广

选择的养殖品种，它的食性或食谱范围应较广，饲料应容易获得，这是降低养殖成本的重要保证。

4. 苗种容易获得

苗种选择是淡水鱼高效养殖中非常重要的一个环节，如果我们选择的苗种方便易得，那么在早期投入的养殖成本就会大大减少，养殖风险也会大大降低。

5. 对环境的适应性强

目前，我国鱼类养殖主要养殖对象均为淡水种类，其中以青、草、鲢、鳙、鲤、鲫、鲂、鳊、鲮等种类最为普及。这些鱼类是我国劳动人民通过长期的养殖生产实践，通过与其他鱼类的比较选择出来的，它们的生产性能均符合上述要求，因此渔民称其为家鱼。

三、 池塘主要养殖鱼类

1. 草鱼

草鱼又名乌青、草鲩、猴子鱼、白鲩、草棒、草包、鲩鱼。身体长，略呈圆筒形，腹圆，无腹棱。头钝平，无口须，两侧咽齿交错相间排列，能切断草类。眼较小。鳞大而圆，背面为青灰色。体茶黄色，背部及头部的颜色较深，腹部白色，胸鳍、腹鳍橙黄色，背鳍、尾鳍呈灰色，每一鳞片有黑色边缘。

草鱼分布于我国大部分地区的淡水水域中，是生长非常迅速的一种较大型经济鱼类，也是池塘里进行养殖的主要品种之一。栖息于水的中下层和靠近岸边、水草较多的地带，只有夜间它们才大胆地到水的上层和岸边进行摄食活动。

草鱼性情温和而活泼，耐力较强，游动迅速，常成群觅食，生长迅速。喜欢在水的中下层及岸边摄食水草，体长约达 10 厘米时就以高等水生植物为饵，如苦草、轮叶黑藻、马来眼子菜、大茨藻与小茨藻等。秋天也吃油葫芦、蚱蜢等落水昆虫。人工饲养喂豆饼、菜籽饼、花生饼、酒糟、麸皮及陆生植物，生长较快。

一方面，由于地理环境的不同，南方和北方的草鱼在生长性能上有一定差别，例如长江流域的草鱼，1～3 龄为生长最快期，一般 4～5 龄达到性成熟，5 龄后体长生长有明显减弱。而在黑龙江流域里的草鱼生长比长江流域的群体显著缓慢。另一方面，无论是南方还是北方，草鱼在 1～3 龄雌、雄个体的生长速度相似，4 龄后雌鱼的生长体长和增长体重都比雄鱼大。

2. 青鱼

青鱼又名青鲩、螺蛳青、乌鲭、黑鲩、青根鱼。青鱼体较大，长筒形，尾部稍侧扁。头顶宽平。口端位，呈弧形，上颌稍长于下颌。吻比草鱼尖。无须。眼位于头侧正中。鳃耙稀而短小。下咽齿呈臼齿状，咽部有坚实的臼状齿，适于压磨食物，能咬碎螺蛳的硬壳。体被大圆鳞。侧线在腹鳍上方一段微弯，后延伸至尾柄的正中。背鳍短，无硬刺。体青灰色，背部尤深，腹面灰白色，各鳍均为灰黑色。

青鱼是我国常见的鱼类，是半洄游性的近底层鱼类，也是生长非常迅速的一种较大型经济鱼类，是池塘里进行配养的品种之一。原产于长江、珠江水系，现在全国各地均有养殖，但南方养殖较多，北方养殖很少。青鱼性胆怯，行动迟缓，吃食斯文，以底栖生物为食，经常在水的下层活动，一般不游到水面。成鱼以软体动物中的螺蛳、蛤蜊为主食，摄食螺、蚬时，先用咽喉齿将螺、蚬咬碎，再吐出，挑肉吃；抢食能力差，咬碎的螺、蚬肉常被鲤、鲂鱼抢食；如螺、蚬变质，青鱼会拒食。其也吃水体中的蚌、扁螺、水生昆虫及小鱼虾。在人工饲养的条件下也吃豆饼、蚕蛹、菜籽饼、酒糟等动、植物性饵料。

由于它食性的特殊性（主要以螺蛳为主的动物食性），因此在池塘里主养非常少见，多用作配养鱼类，而且放养数量较少。在池塘饲养的青鱼生长比在江河等自然水域里的慢，这是由于水域的环境条件、营养等的差异造成的。另外，青鱼在2龄鱼种阶段食性转化，饲养较困难，如无适口饵料，容易得病，成活率低。青鱼的体长生长最快为1～2龄，3～4龄开始减缓，5龄开始急剧下降。体重增长在3～4龄最快，以后仍然持续增长。雌、雄青鱼的生长也有差别，同一年龄段的鱼，一般是雌鱼生长比雄鱼快些，雌鱼的平均体长和体重也大些。

3. 鲢鱼

鲢鱼又名白鲢、鲢子、水鲢、家鱼、白胖头。体侧扁，稍高。头较大，约为体长的1/4。口宽大而斜，位于前端。下颌稍向上突出，吻短钝而圆。眼小，鳞细小而密。侧线明显下弯，背部较圆，腹部较窄，自胸鳍至肛门有腹棱突出。尾鳍深叉形。体背部为灰色，两侧及腹部银白色，各鳍均为灰白色。

鲢鱼个体大，生长迅速，是我国主要淡水养殖鱼类之一，也是池塘养鱼中最主要的养殖鱼类之一。鲢鱼通常在池塘的上层活动，吃食时把水中的浮游生物连水一块喝进，靠鳃的过滤作用把水中的浮游生物挡住咽进肚里，所以又称它为"肥水鱼"。

鲢鱼性急躁，行动敏捷，活泼而善跳跃，能跳出水面1米多高，网捕时，常跳出网外；遇水流容易逆水潜逃，不易捕捞。

鲢鱼的生长速度也比较快，体重每年都有增加，但以3～6龄最快，6龄后减慢。体长生长以1～4龄较快，尤其是第2年增长最明显，但是到了 4 龄以后，鲢鱼的体长增长就明显变慢，这是因为它们的性成熟年龄一般为 3～4 龄，这时所摄取的能量主要用于性腺发育。

4. 鳙鱼

鳙鱼又称花鲢、麻鲢、黑鲢、大头鲢、胖头鱼、大头鱼。外形似鲢，体侧扁而厚，较高。头极大，约为体长的 1/3，头前部宽阔。口大，端位，吻宽而圆，下颌向上微翘。眼较小，口有咽齿。鳃孔宽大，鳃盖膜很发达，鳃耙细密。鳞细小而密，有腹鳞，侧线弧形下弯。尾鳍叉形。体背面及两侧面上部微黑，两侧有许多不规则的黑色斑点或黄色花斑，腹面灰白色，各鳍均为淡灰色，胸鳍末端超过腹鳍基底，这点可区别于鲢鱼。

鳙鱼是优良的淡水养殖品种，分布于我国大部分地区的淡水水域中，是池塘养鱼中配养的鱼类之一。鳙鱼性温驯，不爱跳跃，行动迟缓，生活在水体中层。冬季入深水处越冬。鳙鱼是滤食性鱼类，以食浮游生物为主，主要吃轮虫、枝角类、桡足类等浮游动物，也吃部分浮游植物和人工饲料。捕捞时不跳跃，遇水流也不易潜逃，易捕获。

其体形和鲢鱼相似，只是头要比鲢鱼大得多，而且在自然水域中的生长速度通常比鲢鱼稍快些。体长增长 1～3 龄最快，4 龄开始性成熟后，体长增长急剧下降。体重增长 2～7 龄都较快，其中以 3 龄增重最快。一般鳙鱼 4 龄前雌、雄生长没有明显差异；5 龄后雌鱼体重的增长比雄鱼快。在不同水域，由于环境、营养、密度和生存空间不同，鳙鱼的生长表现出明显差异。

5. 鲤鱼

鲤鱼又名拐子、红鱼、花鱼、赤鲤、龙鱼。体长，略侧扁，背部在背鳍前稍隆起。头大，眼小，口下位或亚下位，有 2 对须，其中吻须一对，较短，吻骨发达，能向前伸出；颌须一对，其长度为吻须的 2 倍，以拱食水底泥中食物。腹部圆。鳞片大而圆。侧线明显，背鳍长，其起点至吻端比至尾鳍基部为近。臀鳍短。背面为灰黑色，腹面为淡黄色。尾鳍分叉，为深叉形，下叶为红色。

鲤鱼适应性强，生长迅速，可在各类水域中生活，对水体的要求不高，在活水、静水、沟渠池塘水中均可生活，是池塘养鱼中最常见的鱼类之一，也是我国最早养殖的对象。体长 20～30 厘米，最大单体重可达五六十千克。全年均有生产，以春、秋两季产量较高。在常见的池塘养殖品种中，鲤鱼的生长速度与草、青、鲢、鳙等相比还是比较慢的。鲤鱼的生长速度与季节、食物品种、食物资源是否充足有关。春夏之交、盛夏、初秋，鲤鱼摄食强度最大，生长快；初春和深秋次之；到了冬季，在我国南方，鲤鱼仍很活跃，而北方寒冷地区的鲤鱼，则很少摄食了。

鲤鱼是杂食性鱼类，在鱼苗、鱼种阶段主要吃浮游动物和轮虫等，成鱼阶段吃各种螺类、幼蚌、水蚯蚓、昆虫幼虫和小鱼虾等水生动物，也吃各种藻类、水草和植物碎屑等。在池内或网箱中喂养时，常投喂各类商品饲料和人工配合饲料。鲤鱼的习性同鲫鱼基本相同，但对水温的要求比鲫鱼稍高些，产卵要求水温在18℃以上，冬季水温低于10℃时就不爱活动。

鲤鱼的体长增长高峰期在1～2龄，而体重增长则在5～6龄最快，以后即出现逐年减缓的趋势。在同一年龄段里，通常是雌鱼比雄鱼生长得快一些。不同水体中鲤鱼的生长速度差别很大，例如在长江水域中生活的鲤鱼生长速度比在黑龙江水域里生长的鲤鱼明显加快，长江干流中的鲤鱼又比定居在湖泊中的鲤鱼生长快。

由于鲤鱼的生长速度较快、食物容易解决，而且环境的适应能力很强，因此对鲤鱼新品种的研究、发掘和推广的力度较大。人们在长期的生产实践中，培育出近20个鲤鱼品种，如镜鲤、红鲤、荷包红鲤、西鲤、华南鲤、团鲤、丰鲤、中洲鲤、荷元鲤、芙蓉鲤、岳鲤、颖鲤、全雌鲤、建鲤、三元杂交鲤、黄河鲤等，它们的杂交子一代均有杂种优势，生长速度都比亲本快得多。

6. 鲫鱼

鲫鱼俗称喜头鱼、鲋鱼、鲫壳、鲫瓜子、佛鲫等。一般体长15～20厘米。体形略小，侧扁而高，体较厚，腹部圆。眼大，口位于前端。头短小，吻钝。无须。鳞片大。侧线微弯。背鳍长。一般体背面青褐色，腹面银灰色，各鳍条灰白色。因生长水域不同，体色深浅有差异，色泽由背部的灰色逐渐过渡到腹部的灰白色。鲫鱼是一种生长较慢的中小型鱼类。1冬龄鱼体长5厘米，2冬龄鱼体长10～14厘米，3冬龄鱼体长达18厘米。雌、雄鱼个体的生长速度不同，随着年龄的增大，雌鱼的生长速度比雄鱼快。在不同水域中的鲫鱼生长有明显差异。

鲫鱼属于底栖鱼类，分布于我国大部分地区的江河湖泊中，特别是水草丛生的浅水湖汊和池塘中。鲫鱼是我国分布广泛的鱼类之一，对各种类型的水体有较强的适应性，生长快，易饲养，全国各地水域常年均有生产，以2～4月份和8～12月份的鲫鱼最肥美。生活在江河流动水里的鲫鱼，喜欢群集而行。有时顺水，有时逆水，到水草丰茂的浅滩、河湾、沟汊、芦苇丛中寻食、产卵；遇到水流缓慢或静止不动、具有丰富饵料的场所，它们就暂时栖息下来。生活在湖泊和大型水库中的鲫鱼，也是择食而居。尤其在较浅的水生植物丛生地，更是它们的集中地，即使到了冬季，它们贪恋草根，多数也不游到无草的深水处过冬。生活在小型河流和池塘中的鲫鱼，它们是遇流即行、无流即止、择食而居、冬季多潜入水底深处越冬。它们是典型的杂食性鱼类，主要食物有浮游生物、底栖动物和各种水草，还常食高等植物的种子、植物的碎屑等，小虾、蚯蚓、幼螺、昆虫等它们也很爱吃。

在自然情况下，生活在不同水域的鲫鱼的性状都有一定的变化和分化，形成鲫鱼的地方种或经人工选育形成各种优良品种。从鱼类生长看，可将鲫鱼分为两大类：一类是低体型，体高为体长的40%以下，通常生长缓慢，主要有野鲫等；另一类是高体型，体高为体长的40%以上，生长较快。我国人工养殖的鲫鱼都属高体型，主要有银鲫（包括黑龙江银鲫、方正银鲫、异育银鲫、松浦鲫等）、白鲫、彭泽鲫、淇河鲫、滇池鲫、龙池鲫等。

7. 鳊、鲂鱼

鳊鱼、鲂鱼为中型鱼类。

长春鳊体高而侧扁，侧视略呈菱形。头小，头后背部隆起。口端位，口裂斜，上颌稍长。体色青灰，头部及背部颜色较深，腹部灰白，各鳍浅灰色。

长春鳊一般栖息于水体的中上层，秋冬则活动于中下层，喜活动于水草繁茂的地方。草食性，主要吃藻类和水草。一般2龄性成熟，产卵期在5～7月。鳊鱼是中型鱼类，常见个体重为0.25千克上下，最大个体重可达1.5千克。主要分布于长江和黑龙江流域等地。

三角鲂体高，侧扁，头小，呈菱形，背鳍高耸，头尖尾长，从侧面看近似三角形。其外形特征与长春鳊基本相同，主要区别在于：三角鲂的上颌与下颌等长，长春鳊的上颌稍长于下颌；三角鲂的腹棱较短，由腹鳍基部起至肛门，长春鳊的腹棱长，由胸鳍基部起至肛门；三角鲂的头背和背面为灰黑色，侧面为灰色带浅绿色泽，腹面银灰色，各鳍青灰色，长春鳊整个身体呈银白色；三角鲂每个鳞片中部为灰黑色，边缘较淡，组成体侧若干灰黑色纵纹，长春鳊则无；三角鲂尾鳍叉深，下叶稍长，长春鳊尾鳍两叶等长。三角鲂主要分布于长江和黑龙江流域及广东等地。其产卵期在5月初至6月底，一般体重1千克，大者可达2～3千克，肉味鲜美。它以草食为主，主要食物有苦草、壳菜、轮叶黑藻、丝状绿藻以及植物碎屑等。它喜欢生活在有沙砾、石块、生有大量淡水壳菜和其他水下植物的硬质河床底部，冬季则群集于最深的沟缝、洞穴或坑塘中越冬。

三角鲂在1～3龄时生长最快，6冬龄后生长明显减慢。不同地区三角鲂的生长略有差别，长江的三角鲂比黑龙江的生长快；长江中游梁子湖的三角鲂在1～2龄时比湖口地区的生长稍快。长春鳊的生长比团头鲂稍慢，生性胆怯，不易捕捞。三角鲂和长春鳊也都是中下层鱼类，栖息习性与团头鲂相似，不同的是长春鳊一般在江河流水中产卵。在苗种阶段体单薄，较娇嫩，操作时鳞片容易脱落，且耐低氧能力较差。

团头鲂外形和长春鳊、三角鲂相似，体形侧扁，侧视呈菱形。头尖口小，上、下颌等长。腹面自腹鳍基到肛门有明显的腹棱。体色青灰或深褐色，两侧下部灰白，具有纵走的暗色条纹。体鳞较细密。其与长春鳊、三角鲂的主要区别在于：体更高，吻较圆钝，口裂较宽，上、下颌角度小，背鳍硬棘短，胸鳍较短，尾柄较高而短，体呈灰黑色，体背部略带黄铜色泽，背部显著隆起，呈菱形。口宽。各鳍青灰色，体侧每个鳞片后端的中部黑色素稀少，整个体侧呈现出数条灰白色的纵纹。鳞片基部为灰黑色，边缘较淡。

团头鲂分布于我国长江中下游及其附属湖泊中，以湖北省梁子湖所产的团头鲂为最著名，近年来已被移殖到各地天然水域中，是中型的优质经济鱼类，也是我国常见的鱼类。常栖息在水体的中上层，以水草、旱草和水生昆虫为食。2龄可达性成熟，5～6月产卵繁殖，卵黏性。它是我国水产科学家在20世纪50年代从野生的鳊鱼群体中经过人工选育、杂交培育出的优良养殖鱼种之一。因其生长迅速、适应能力强、食性广、成本低、产量高，备受广大养殖户的青睐，当然也成为主要垂钓对象之一。

团头鲂性情温驯，易捕捞，抗病力较强，它的生长在1～3龄时最快，4冬龄后生长明显减慢。

8. 罗非鱼

罗非鱼又称非洲鲫鱼，体形侧扁，体被圆鳞，鳍较大，背鳍有 15 条以上的硬棘，软棘 8～12 条，腹鳍硬棘 1 条、软棘 5 条，臀鳍硬棘 3 条、软棘 9～11 条，尾鳍后缘平截略呈弧形，不分叉，体色因种类、环境及其生殖腺发育状况而有不同，有的体表和鳍上呈现黑色斑点或条纹，在繁殖期间体色变化较大。

罗非鱼原产于非洲，是热水性鱼类，共有一百多种。我国先后从国外引进并已大量推广养殖的有：莫桑比克罗非鱼、尼罗罗非鱼以及奥利亚罗非鱼、奥尼罗非鱼、彩虹鲷等。

罗非鱼要求较高的水温，适温范围是 18～38℃，在 28～32℃时生长最快，低于 15℃时行动呆滞，不摄食，少动，处于休眠状态。致死温度，尼罗罗非鱼为 (6.14±0.11)℃，而奥利亚罗非鱼为 (3.95±0.24)℃。罗非鱼性成熟早，产卵周期短。罗非鱼 6 个月即达性成熟，成熟雄鱼具有"挖窝"能力，成熟雌亲鱼进窝配对，产出成熟卵子并立刻将其含于口腔，使卵子受精，受精卵在雌鱼口腔内发育，幼鱼至卵黄囊消失并具有一定能力时离开母体。

罗非鱼一般主要栖息在水底，活动的主要水层随着水层温度而变化。罗非鱼是以植物性饲料为主的杂食性鱼类，食物种类很多，各种藻类、嫩草、有机碎屑、底栖动物和水生昆虫等都是其摄食对象。在养殖条件下，罗非鱼以有机碎屑、浮游生物、人工饵料、丝状藻类、大型植物茎叶以及蚯蚓、孑孓和虾类为食。

9. 泥鳅

泥鳅又称鳅鱼，小型鱼。体圆筒形，小而细长，身体前部为圆柱形，后部侧扁，腹部圆。头尖，须 5 对，口须最长，向后伸达或稍超过眼后缘。眼小，退化，只有靠触须来寻找食物。鳞小，雄鱼的胸鳍尖长，背鳍两侧有小肉瘤；雌鱼胸鳍短而圆，扇形。尾鳍圆形。体背及两侧灰黄色或暗褐色，体侧下半部白色或浅黄色。尾柄上下具窄扁隆起，基部有一大黑点。身体常分泌黏液，有助于使身体圆滑，便于钻入泥中。泥鳅除进行鳃呼吸外，还可用皮肤和肠直接从空气中吸取氧气。鳅鱼的另一常钓种类是长薄鳅，生长于长江流域。

泥鳅在各地淡水水域中均产，以南方河网地带较多。喜生活于淤泥较厚的静水中、缓流水的底层和有腐殖质淤泥的表层，栖息于稻田、池塘、湖沼和江河等有软泥的地方。泥鳅是杂食性鱼类，主要食物是小型甲壳动物、昆虫幼体、水丝蚓、藻类以及高等植物碎屑、水底腐殖质等，习惯在夜间吃食。水温在15℃以上时，食欲逐渐增加，超过32℃，食欲则减退。平时多在夜间摄食，生殖期间则在白天，而且雌鱼摄食明显增多。

第四节　养殖鱼类对池塘生态环境的要求

对池塘环境的适应性强是进行池塘养殖成功的主要标准之一，我们所养殖的各种鱼类，只有对池塘的生态环境，包括水温、溶氧、盐度、pH、水质等具有广泛的适应性，才能保障它们在我国绝大部分地区的池塘中养殖，这是进行高密度饲养的基础，也是取得较高的经济效益和社会效益的前提。

综观我们在池塘里进行养殖的主要鱼类，它们对池塘环境的要求如下：

一、水温

水温是对池塘养鱼起决定性作用的一个生态条件，适合在我国各地池塘中养殖的主要鱼类，如鲢鱼、鳙鱼、青鱼、草鱼、鲤鱼、鲫鱼、鳊鱼、鲂鱼等都是广温性鱼类。也就是说，它们对温度的适应能力是非常强的，即使水温的变化幅度较大它们也能生存，这些鱼类在1~38℃的水温中都可以存活下来，但适宜它们生长的温度为20~32℃，其中繁殖最适温度为22~28℃。

鱼类是变温动物（也就是所说的冷血动物），水温对鱼类的摄食强度和生长发育都有重要影响。在适温范围内，池塘内的水温升高对养殖鱼类摄食强度会有显著的促进作用，对它们的新陈代谢活动也有明显的促进作用；而水温降低，鱼体的新陈代谢水平也降低，导致它们食欲减退，生长速度也减慢。

二、 溶氧

就像人需要呼吸空气中的氧气一样，水中溶氧的含量则是鱼类及其他饵料生物生存和生长发育的主要环境因素之一，在池塘高密度养殖时更显得溶氧的重要性，没有一定的溶氧，也就无法取得池塘养殖的成功。

在池塘中进行养殖的几种鱼类的正常生长发育都要求水中有充足的溶氧，养殖实践和研究表明，它们最适的溶氧量为5毫克/升以上，正常呼吸所需要的溶氧量一般要求不低于3.4毫克/升，1.5毫克/升左右的溶氧量为警戒浓度，降至1毫克/升以下就会造成窒息死亡。在进行池塘养殖时，可通过增氧机的增氧作用、水草的光合作用等来提高水体的溶氧量，至少保证溶氧量达到3.4毫克/升以上，才是池塘养鱼高产高效的基础。当水中溶氧量低于鱼类呼吸需求（即警戒浓度）时，鱼类的呼吸作用受到阻碍，体内的氧气得不到充分及时的供应。为了获取必需的氧气来维持各种生理功能，鱼类的被动呼吸运动加强，呼吸频率加快，而由于水体内可供利用的氧气不足，鱼类就会上浮到水面，把头拼命伸出水面，从空气中呼吸氧气，这就是鱼类的浮头现象。当溶氧量进一步低于鱼类所能耐受的范围时，就会引起窒息死亡，也就是我们养殖中所说的泛塘。

另外，在适宜的范围内，池塘中养殖鱼类的摄食强度都会随溶氧量的增加而增强，尤其是当水体中的溶氧量在1.5~4.0毫克/升时摄食强度增加最迅速。

三、 盐度

我国内陆在池塘中养殖的鱼类基本上都是淡水鱼类，也就是适宜于生活在盐度为0.5‰以下的水体中。当然在沿海地区也可以利用高位池进行一些海水鱼的养殖，这时池塘水的盐度就比较高，有的可达到30‰~35‰。

淡水鱼所能承受的盐度也不是一成不变的，由于长期的适应性也会导致它们对盐度的变化有一定的适应能力，例如鲢的幼鱼能适应盐度为5‰~6‰的咸淡水，成鱼能适应8‰~10‰的咸淡水。

四、 pH 值

pH 值也就是酸碱度，就是表明池塘里适宜鱼类养殖与生存的酸碱环境，水体 pH 值为 7 时，我们就人为地定义为中性水体，高于 7 时则称为碱性水体，低于 7 时则为酸性水体。我们经常养殖的经济鱼类对池塘水体的 pH 值是有一定要求的，这是因为 pH 值对鱼类生长会产生直接或间接的影响。

在我国池塘养殖中的主要鱼类适宜的 pH 值为 6.8～8.8 左右，其中最适范围为 7.5～8.5，也就是说它们在微碱性的水中生长最好；如果池塘水体的 pH 值长期处于 6.0 以下（强酸）或 10.0 以上（强碱），鱼类的生长会受到抑制，新陈代谢功能受到影响，甚至直接会导致它们的死亡。另外，不同种类的鱼对池塘水体的 pH 值变化的适应能力也不完全相同，例如青鱼、草鱼、鲢鱼、鳙鱼的 pH 值适应范围为 4.6～10.2，而鲤鱼的 pH 值适应范围为 4.4～10.4。

五、 水的肥度

水和土地一样，有肥有瘦。所谓水的肥度，就是水的肥瘦程度，主要是指水中作为鱼类饵料的浮游生物的含量多寡。浮游生物本身带有色泽，而且它在水中数量的多少又直接影响阳光在水中的穿透能力。

在池塘中养鱼时，由于是高密度养殖，池塘里的天然饵料远远不能满足鱼类的摄食需求，因此需要不断地投喂各种饲料，这些饲料不可能完全被鱼类摄食，那些没有被鱼类完全摄食的饲料就会沉积在水底、加上高密度养殖条件下鱼类的数量众多，它们的排泄物也很多，这些排泄物、未被摄食的饲料以及一些水草和其他水生生物的尸体等都会腐烂，从而诱使一些浮游生物大量繁殖，导致水体变肥，因此可以这样说，在池塘中养鱼，肥水是这些鱼类必须接受的一个事实。

当然，由于这些养殖鱼类自身的食性等生物学特点不同，因此对池水肥瘦的要求也不同。例如草鱼、团头鲂、鳊鱼、青鱼、鲤鱼、鲫鱼等吃食性鱼类，尽管它们对肥水有一定的适应能力，但从生长性能看，它们都要求较清瘦的池水，如果池塘水体较肥，就会导致鱼类容易患病。而鲢鱼、鳙鱼非常喜欢肥水，适应于浮游生物和腐屑多的肥水环境，其中，鳙鱼比鲢鱼有更强的耐肥力，它们都是典型的肥水鱼。

另外，不同的鱼类对水体肥瘦的适应能力是有一定差别的，例如青鱼对肥水的适应能力比草鱼强；鲤鱼、鲫鱼对肥水的适应能力则比青鱼更强。

因此，我们在发展池塘养殖时，就要考虑到这些因素，适当进行多品种混养，合理搭配鲢、鳙等肥水鱼，尽可能控制水体的肥度。

六、 透明度

水的透明度就是阳光在水中的穿透程度。透明度的大小，是由水中浮游生物和泥沙等微细颗粒物质的含量所决定的。一般地说，夏秋季节，浮游生物繁殖快，水体透明度低；冬春季节，浮游生物生长受到抑制，甚至死亡沉入水底，水体透明度高；刮风下雨天气，水中有波浪时，泥沙随水流带入水体或底泥上泛，水体透明度低；无风晴朗天气，水面平衡，水体透明度就高。而在一定的季节和水中泥沙等颗粒物不多的情况下，水体的透明度又主要取决于水中浮游生物的含量。因此，在正常情况下，透明度的大小直接反映池塘水体的肥瘦程度。在鱼类的主要生长季节，精养鱼池的透明度为20~40厘米，最佳为30厘米，粗养鱼池水的透明度为100~150厘米。

在精养鱼池中，可根据透明度的大小以及日变化和上、下风的变化来判断池塘水质的优劣。如肥水池透明度一般在25~40厘米，其日变化以及水平变化（上、下风变化）大，表明水中溶氧条件适中，鱼类易消化的藻类多。透明度过大，表示水中浮游生物量少，池水清瘦，有利于非滤食性鱼类的生长，但不利于滤食性鱼类的生长；透明度过小，表明水中有机物过多，池水耗氧因子过多，上、下水层的水温和溶氧差距大，水质容易恶化。

在农村中，有经验的渔业工作者和渔民，根据多年的实践经验总结出一种行之有效的简易测量法，具体操作是：伸直右臂，弯曲手掌，掌心对着脸，使手心表面与胳膊成一直角，慢慢地由水面伸入水中，同时眼睛凝视手心，直到恰好看不见手掌心，测量手掌心表面与胳膊平水处的距离，此时的深度即为水体的透明度。

七、 水色与水质

1. 池塘水色

水色就是指池塘里水体的颜色，池水反映的颜色是由水中的溶解物质、浮游生物、悬浮颗粒、天空和池底色彩反射以及周围环境等因素综合而成。例如富含钙、铁、镁盐的水呈黄绿色；富含溶解腐殖质的水呈褐色；含泥沙多的水呈土黄色而浑浊等。但是精养池塘的水色主要是由池中繁殖的浮游生物而造成，由于各种浮游植物细胞内含有不同的色素，当浮游植物繁殖的种类和数量不同时，便使池水呈现不同颜色与浓度，而水体中鱼类易消化的浮游植物的种群和数量的多少直接反映水体的肥瘦程度。因此，在养鱼生产过程中，很重要的一项日常管理工作便是观察池塘水色及其变化，以便大致了解浮游生物的繁殖情况，据此判断池水的肥瘦与水质的好坏，从而采取相应的措施，或施肥或注水，以保证渔业生产顺利进行。在这方面，我国渔民积累了看水养鱼的宝贵经验，就是"根据水色来判断水质优劣"的丰富经验，用浮游生物优势种呈现的颜色作判断水质优劣的生物指标，就能较客观地反映池塘水质的特点以及对鱼类的影响。

2. 水色与水质类型

根据水色的变化，可以将水质划分为几种类型：

（1）瘦水与不好的水　瘦水，水色清淡，呈淡绿色或淡青色，透明度较大，可达 60～70 厘米以上，浮游生物数量少，水中往往生长丝状藻类（如水绵、刚毛藻）和水生维管束植物（如菹草等）。

下面几种颜色的池水，虽然浮游植物的数量较多，但因这些浮游植物表面具胶质或纤维质，不能被鱼类消化和利用，或属于难消化的种类，因此对养鱼不利而被称为不好的水。

① 暗绿色：天热时水面常有暗绿色或黄绿色油膜，水中裸藻类、团藻类较多。

② 灰蓝色：透明度低，浑浊度大，水中以颤藻为主的蓝藻类较多。

③ 蓝绿色：透明度低，浑浊度大，天热时有灰黄绿色的浮膜，水中微囊藻、球藻等蓝藻类、绿藻类较多。

在这种不好的水体中养鱼，需要人工投饵施肥，从而改变水体中浮游植物的种群，并增加其数量，以便提高水质，利于养鱼。

（2）肥水　肥水水色呈黄褐色或油绿色，浑浊度较小，透明度适中，一般为 20～40 厘米。水中浮游生物数量较多，鱼类易消化的浮游植物（如硅藻、隐藻或金藻）种类较多；浮游动物以轮虫较多，有时枝角类、桡足类也较多，这种水体适宜放养鲢、鳙等滤食性鱼类。肥水按其水色可分为两种类型：

①褐色水：包括黄褐色、红褐色、褐带绿色等，优势种群多为硅藻，有时隐藻大量繁殖也呈褐色，同时含有较多的微细浮游植物如绿球藻、栅藻等，特别是褐色带绿色的水尤其如此。

②绿色水：包括油绿色、黄绿色、绿带褐色等，优势种类多为绿藻（如绿球藻、栅藻等）和隐藻，有时也有较多的硅藻。

（3）转水　随天气变化而改变水质的水体，也叫扫帚水、水华水、乌云水。这种水体是在肥水的基础上进一步发展而形成的，浮游生物数量多，池水往往呈蓝绿色或绿色带状或云状。这种水体中含有大量鲢、鳙所喜食的蓝绿色裸甲藻和隐藻。

转水通常出现在春末或夏秋季节晨雾浓、气压低的天气。主要是因池水过浓过肥，水体中下层严重缺氧，浮游生物上浮到水表面集群呼吸氧气而造成的。出现转水现象后，如果不久雾消天晴，经阳光照射，水体的转水现象会逐渐消退，浮游生物上、中、下层逐渐分布均匀，水体转变为肥水；若久雾不散，天气继续变坏，则浮游生物因严重缺氧而大批死亡，使水质突变，水色发黑，继而转清、变臭，成为"清臭水"，这时水体中溶氧被大量消耗，往往会造成鱼类因缺氧窒息而成批死亡，形成泛塘。因此，一旦池水出现转水现象，应及时加注新水，或开动增氧机进行人工增氧，防止水质进一步恶化。

（4）恶水与工业污染水　水色呈红褐色或棕色，水中含有大量红甲藻，这种藻类含有毒素，鱼食用后往往造成消化不良，甚至引起死亡，这种水称为恶水，恶水未经处理不能用于水产养殖。

工业污染水有红色、褐色、乳白色等不同颜色，颜色混乱，水中含有过量的硫化物、氰化物和汞、铬、铅、锌、砷、镍等重金属元素，极不利于鱼类的生存和生长，这种水体未经净化也不能用于水产养殖。

3. 水质的判断方法

"肥、活、嫩、爽"的水质是鱼类生长发育最佳的水质，如何及时地掌握并达到这种优良水质标准呢？经过多年来我国许多科技工作者和渔农的总结分析，通常采用以下的"四看"方法来判断水质：

（1）看水色　在池塘养殖生产中最希望出现的水色有两大类：一类是以黄褐色为主的水色（包括姜黄、茶褐、红褐、褐中带绿等）；另一类是以绿色水为主的水色（包括黄绿、油绿、蓝绿、墨绿、绿中带褐等）。这两种水体均是典型的肥水型水质，含有大量的鱼类易消化的浮游植物。

当然，在水体中投喂不同饲料和施入不同的肥料后，由于各种肥料所含养分有异，培育出的浮游生物种群和数量有差别，水体也会呈现不同的水色。例如：如果向池中施入适量的牛粪、马粪，池水则呈现淡红褐色；施入人粪尿，池水则呈深绿色；施入猪粪，池水呈酱红色；施入鸡粪，池水呈黄绿色；螺蛳投得多的池，水色呈油绿色；水草、陆草投得多的池，水色往往呈红褐色。因此可以通过肥料（特别是有机肥料）的施加来达到改变水色、提高水质的目的，这也是池塘施肥养鱼的目的。

（2）看水色的变化　池水中鱼类容易消化的浮游植物具有明显的趋光性，从而形成水色的日变化。白天随着光照的增强，藻类由于光合作用的影响而逐渐趋向上层，在下午2时左右浮游植物的垂直分布十分明显，而夜间由于光照的减弱，使池中的浮游植物分布比较均匀，从而形成了水体上午透明度大、水色清淡和下午透明度小、水色浓厚的特点。而鱼类不易消化的藻类趋光性不明显，其日变化态势不显著。另外，十天半月池水水色的浓淡也会交替出现。这是由于一种藻类的优势种群消失后，另一种优势种群接着出现，不断更新鱼类易消化的种类，池塘物质循环快，这种水称为"活水"。由于受浮游植物的影响，以浮游植物为食的浮游动物也随之出现明显的日变化和月变化的周期性变化。这种"活水"的形成是水体高产稳产的前提。

（3）看下风油膜　有些藻类不易形成水华，或因天气、风力影响不易观察，可根据池塘下风处（特别是下风口的塘角落）油膜的颜色、面积、厚薄来衡量水质好坏。一般肥水下风油膜多、较厚、性黏、发泡并伴有明显的日变化，即上午比下午多，上午呈褐色或烟灰色，下午往往呈现绿色，俗称"早红夜绿"。油膜中除了有机碎屑外，还含有大量藻类。如果下风油膜面积过多、厚度过厚且伴着阵阵恶心味，甚至发黑变臭，这种水体是坏水，应立即采取应急措施进行换冲水，同时根据天气情况，严格控制施肥量或停止投饵与施肥。

（4）看"水华"　水华水是一种超肥状态的水质，一种浮游植物大量繁殖形成水华，就反映了该种植物所适应的生态类型及其对鱼类的影响，若继续发展，则对养鱼有明显的危害。因而水华水在水产养殖中应加以控制，力求将水质控制在肥水但尚未达到水华状态的标准上。由于水华看得清、捞得到、易鉴别，因而可把它作为判断池塘水质的一个理想指标。

第五节　鱼类的生活习性

"近山识鸟音，近水知鱼性"，因鱼的种类不同，其生理特性、生活习性、所需的食物和觅食规律、产卵时间以及活动的环境、水层均不相同。

一、　不同的栖息水层

各种鱼类，由于它们对食物的需求不同，经常栖息和活动于不同水层。例如鲢鱼、鳙鱼主要捕食浮游生物，所以经常栖息活动于浮游生物较多的水体上层；草鱼和团头鲂爱吃水草的根、茎、叶，经常栖息活动于水体的中下层；鲤鱼、鲫鱼则主要取食底栖生物，通常栖息活动于水体的底层；鲶鱼和黄颡鱼，不仅喜食底栖动物，而且怕光，白天钻进洞内，只有在阴天和夜间大量出游，在水体底层觅食。

二、　不同的适温类型

鱼类是变温动物，其体温随水体温度的变化而变化。鱼类摄食与生长，要求有一定的水温，在适温范围内，水温升高对养殖鱼类摄食强度会有显著的促进作用，对它们的新陈代谢活动也有明显的促进作用；而水温降低，鱼体的新陈代谢水平也降低，导致它们食欲减退，生长速度也减慢。在我国生长的鱼类，主要有温水性、冷水性和热带性鱼类三种类型。

1. 冷水性鱼类

生长在我国新疆北部较寒冷或高山水域的鱼类和黑龙江流域的狗鱼、细鳞鱼、哲罗鱼、江鳕鱼等，都属于这类冷水性鱼类。该类鱼在 0～18℃ 的范围内都能正常生活，水温 4～15℃ 时它们的生长机能最旺盛，超过 30℃ 则会死亡。在入春以后冰雪刚融化的 3～4 月和冬季出现冰冻前的 10

月，其游动活跃，食欲正常。其中哲罗鱼还特别不畏寒冷，它不但能沉入冰水层中避寒，还喜欢在冰层下面活动觅食。

2. 温水性鱼类

有很多品种的淡水鱼，在水温较高或较低的情况下都能适应，这种对水温适应性很强的鱼类，即为温水性鱼类。其主要包括鲫鱼、青鱼、草鱼、鳊鱼、鲢鱼、鳙鱼、鲤鱼、乌鱼、鳜鱼、鲶鱼等。但是，同属温水性鱼类，因品种不同，其适温范围也有差异。如鲢鱼、鳙鱼喜欢较高温度，最适宜生长的水温是25℃左右；鲤鱼、鳊鱼在水温15～25℃时食欲旺盛；鲫鱼的适温性最强，在15～30℃。

3. 热带性鱼类

热带性鱼类原生活在热带和亚热带的水温环境中，只适应在水温25～35℃的范围内生活，这些鱼类主要生活在我国南方。例如，罗非鱼只能在8～10℃以上的水温中生活。

4. 逐暖习性

在自然水体温度较低时，各类鱼都喜欢到向阳的水域活动觅食。初春与晚秋，背风向阳的浅水处白天在日照下较为温暖，鱼儿爱到此处来游弋觅食。而早晚夜间温差大，浅水处水温亦下降快、降幅大，鱼儿便到水体相对温暖的深水区去。

5. 气温与水温的关系

一般来讲，知道了气温，也就知道了水温，这两者之间是互相联系、互为影响的。气温升高，水温也随之升高；气温降低，水温也随之降低。以一日计，如早晨6时，气温10℃，则表层水温约12～15℃；中午12时，气温20℃，则表层水温约15～18℃；下午2时，气温24℃，则表层水温约18～22℃；下午6时，气温16℃，则表层水温约18～20℃；子夜零时，气温下降到8℃，则表层水温约12～18℃。总之，水温的升降要略滞后于气温变化。因水传递冷热的速度比空气要慢，水表和水底存在着温差，水越深，温差越大。

6. 春、 秋昼夜温差与鱼摄食的关系

鱼是变温性的动物，它的体温随水温的变化而升降，在变化的过程中鱼儿有趋温性，哪里水温合适它就向哪里游。昼夜温差大时，气温必定会影响水温，但水温的变化不如气温变化明显，在这骤变的过程中，鱼儿不舒服，表现就是不摄食。头天晚上气温低，鱼儿处在低水温条件下过得正常。当第二天天气变暖，水温在慢慢升高，鱼儿要调整体温，在这调整过程中，它不会好好进食，这就是一些养殖户在养鱼时发现天气好鱼倒不爱吃食的原因之一。

另外水温突变，鱼儿不适，要进行体温的调整，去适应新的水温，如果温差太大，且变化迅速，鱼儿经不起这样的刺激，不但不吃食，甚至会发生感冒等疾病，因此我们在养殖过程中要尽可能地维持水温的相对稳定。

三、 洄游习性

1. 洄游

鱼类在水体中做具有一定时间、范围、方向、距离的迁移称作洄游。洄游规律和水温、饵料、产卵都有直接的关系，因而养殖学上有"适温洄游""索饵洄游""产卵洄游"。

2. 洄游的方式

鱼类的洄游方向和距离各有差异，有的从海洋到河流，有的从河流到海洋，有的从南向北，有的则从北向南。在鱼类养殖上我们把鱼类由海洋到河川，或由河川到海洋的长距离洄游分为两种：

（1）溯河洄游　成鱼生活于海洋中，等到性成熟时便上溯到河川进行繁殖，如鲑鱼、虹鳟、鲥鱼、鲟鱼等鱼类。

（2）降河洄游　幼鱼生活在河川中，将成熟时游往海洋进行繁殖，如鳗鲡、河蟹等。

3. 垂直洄游

与经过一定距离的洄游不同，不少鱼类有在水体中上下移动的习性，

称为垂直移动或垂直洄游。这种垂直洄游基本上还是在原地，只是上下水层的改变，而没有距离的改变。各种鱼类垂直移动的时间往往是固定的，在昼夜 24 小时内有一定节律性，其垂直移动到达的水层则各有区别。

正确掌握了鱼类的洄游规律，我们才能更好地进行鱼类的繁殖和养殖，掌握了鱼类的垂直移动规律，便可以按其所在的水层进行养殖，这对养殖是十分重要的。

四、 对水流的趋向性

水域宽阔的水面，一遇有风天气水面往往掀起较大风浪，风浪推动表层浮游生物和其他一些食物积聚于下风口处，并且这些饵物又被浪头打入水中，这一带于是成了鱼类的天然觅食场。因此，水体的流动对提高养殖效益是非常有利的。其主要体现在以下几个方面：

1. 有利于将氧气输送到水体的底层

水体表层水接触空气，溶氧较丰富，通过水体上下的不断流动，打破了氧气分层现象，可以将溶氧较高的上层水输送到中下层直至底泥中，使下层水的溶氧得到补充，改善了下层水的氧气条件，为底层鱼的生长发育提供了丰富的氧气。这种情况在精养鱼池里是最重要的，所以我们在精养鱼池里的一个重要的管理方法就是定期换冲水，目的就是为了将氧气输送到水体底层。

2. 提高水体的生产力

水流的运动，加速了下层水和底泥中的有机物氧化分解，从而加速了水体里物质循环的强度，提高了水体的生产力。

3. 改善水质

通过水体的流动，可以及时将水体里过多的有机物排放出池塘，对改善水质具有重要作用，这在池塘养殖的后期管理中，是非常重要的一环。

4. 带来了外源性的营养物质

水体的流动可以带来外源性的营养物质，这种情况在大水面中尤为重要，我们通常在进水口会看到有许多鱼在顶水游泳，除了营养丰富外，更重要的是可以随水流带来大量的外源性的营养物质，如草籽、昆虫等鱼类喜欢的食物。

5. 增加养殖密度

通过水体的流动可以适当增加池塘的养殖密度，一般可提高密度10%左右。

五、 集群习性

除鲶鱼、黑鱼等少数掠食性鱼类之外，大多数鱼类都是喜欢群居的。

六、 趋氧习性

就像人需要呼吸空气中的氧气一样，水中溶氧的含量则是鱼类及其他饵料生物生存和生长发育的主要环境因素之一。

养殖的实践和研究表明，它们最适的溶氧量为 5 毫克/升以上，正常呼吸所需要的溶氧量一般要求不低于 3.4 毫克/升，1.5 毫克/升左右的溶氧量为警戒浓度，降至 1 毫克/升以下就会造成窒息死亡。因此在养鱼时，我们一定要满足鱼类对氧气的要求。平时我们也可以看到，在无风天气里，水体中的溶氧少，波浪大则溶氧情况好，鱼会很敏感地向含氧高的水域转移。这就是鱼喜草、喜流、喜波、喜浅滩的主要原因。

判断水中溶氧量的高低须"二看"：

一看鱼情。平时多注意巡塘，尤其是在夏天的凌晨更要注意加强巡视，有鱼浮头的水域就是溶氧量极低的水域。有时会发现池塘里没有鱼浮头，但有鱼特别是鲫鱼在半水或草下悬浮不动，那也表明水中溶氧不足，亦应果断开启增氧机。

二看水情。如果风吹水面，波浪连绵，不但接触面增加，而且波卷浪翻，把空气搅拌于水中，溶氧量更成倍增加。如果水面被水草大面积覆盖，这种水域的溶氧量就很低。

第二章

池塘养鱼的人工繁殖

在池塘养殖鱼类时，为了解决苗种的需求问题，需要进行亲鱼的人工繁殖。人工繁殖技术包括亲鱼培育、催情产卵、孵化等三个部分。由于在池塘里养殖的主要是鲢鱼、鳙鱼、草鱼、青鱼（四大家鱼）和鲤鱼、鲫鱼、鲂鱼和鳊鱼等，因此本书也主要阐述四大家鱼和这些小品种鱼的人工繁殖。

第一节　四大家鱼的人工繁殖

草鱼、青鱼、鲢鱼、鳙鱼是我国特产的经济鱼类，是我国水产养殖的"当家鱼"，俗称"四大家鱼"，也是世界性重要的养殖鱼类。根据我国的水产统计报表，我国鲢鱼、鳙鱼、草鱼的产量分别占我国淡水鱼产量的第一位、第三位、第二位。在自然水域中，它们都是敞水性产卵的类群，在长江、淮河、黑龙江、珠江等水域中，都可以自然繁殖（黑龙江水域没有鳙鱼产卵场除外），在南方珠江等水域中，除四大家鱼外，还有鲮鱼。现在为了满足养殖需求，我们都可以在池塘里对它们进行人工繁殖，由于这几种鱼的繁殖生态要求相似，故合并在一起介绍。

一、亲鱼选择

1. 亲鱼选择的规律

亲鱼指已达到性成熟并能用于人工繁殖的种鱼，与商品鱼是有严格区别的。首先是作为繁殖用的亲鱼，必须达到性成熟年龄；其次是对它们的体长和体重也有一定要求。

在同一水体中，年龄和体重在正常情况下存在正相关关系，也就是说，亲鱼的年龄越大，它们的绝对体重也越大；相反，年龄越小，绝对体重也越小。另外，由于不同水域的地域气候、水质、饵料等因素的差异，同一种鱼在不同水域的生长速度存在差异，从而导致它们达到性成熟的时间也不同，成熟个体的体重标准也略有差别。例如，生长在不同水域里的青鱼，它们的性成熟年龄和个体体重的差别如下：在湖泊和水库中生长的青鱼比在池塘中生长的同龄青鱼要长得快，同样都是 3～4 龄的青鱼，在湖泊中生长体重可达 5～12 千克，而在池塘中生长的青鱼，体重仅 3～8 千克，它们的卵巢发育都为第 Ⅱ 期。从中可以看出，同种同龄鱼由于生长的环境不同，生长速度有明显差异，但性腺发育的速度却基本是一致的，这证明性成熟年龄并不受体重的影响，而主要受年龄的制约。掌握这些规律，对挑选适龄、个体硕大、生长良好的亲鱼至关重要。

2. 亲鱼选择的要点

亲鱼的选择要求有以下几点：一是要选择已达性成熟年龄的亲鱼；二是亲鱼的体重越重越好；三是要求亲鱼的体质健壮、行动活泼、无疾病、无外伤；四是雌雄的性别特征和种质特征要明显；五是年龄上要适宜，从育种角度看，第一次性成熟的鱼不能用作产卵亲鱼，但亲鱼的年龄又不宜过大，生产上可取最小成熟年龄加 1～10 作为最佳繁殖年龄。

3. 亲鱼的雌雄鉴别

在亲鱼培育或人工催产时，必须掌握恰当的雌雄比例，因此要掌握雌雄鉴别的方法。

亲鱼雌雄鉴别的依据主要有两点：第一点就是先天的，也就是从性腺发育的外观特征来判断；第二点是根据伴随着性腺发育而出现的副性征来判别，所谓副性征也就是第二性征，是指达到性成熟年龄的亲鱼体外表所显示的雌雄特征。副性征在雄鱼体表比较明显，而且带有季节性的变化，最显著的就是追星的出现，但有些副性征终生存在（表 2-1）。

表 2-1 草鱼、青鱼、鲢鱼、鳙鱼、鲮鱼雌雄特征比较

亲鱼	雄鱼特征	雌鱼特征
鲢鱼	① 胸鳍前面几根鳍条的内侧,特别在第 Ⅰ 鳍条上明显地生有一排骨质的细小栉齿,用手顺鳍条抚摸,有粗糙刺手感觉;这些栉齿生长后不会消失 ② 腹部较小,性成熟时轻压腹部有乳白色精液从生殖孔流出	① 胸鳍光滑,但个别鱼的胸鳍中下部内侧有些栉齿 ② 性成熟时,腹部大而柔软,生殖孔常稍突出,有时微带红润
鳙鱼	① 胸鳍在前几根鳍条上缘各生有向后倾斜的锋口,用手左右抚摸有割手感觉 ② 腹部较小,性成熟时轻压腹部有乳白色精液从生殖孔流出	① 胸鳍光滑,无割手感觉 ② 性成熟时,腹部膨大柔软,生殖孔常稍突出,有时稍带红润

亲鱼	雄鱼特征	雌鱼特征
草鱼	① 胸鳍鳍条粗厚,特别是第Ⅰ～Ⅱ鳍条较长,自然张开呈尖刀形 ② 胸鳍较长,贴近鱼体时可覆盖 7 个以上的大鳞片 ③ 在生殖季节性腺发育良好时,胸鳍内侧及鳃盖上出现追星,用手抚摸有粗糙感觉 ④ 性成熟时轻压精巢部位有精液从生殖孔流出	①胸鳍鳍条较薄,其中第Ⅰ～Ⅳ鳍条较长,自然张开略呈扇形 ② 胸鳍较短,贴近鱼体时可覆盖 6 个大鳞片 ③ 一般无追星,或在胸鳍上有少量追星 ④ 性成熟时,雌鱼的胸鳍比雄鱼膨大而柔软,但相较于鲢、鳙而言,草鱼的雌、雄鱼的胸鳍都显得稍小
青鱼	基本同草鱼,在生殖季节性腺发育良好时除胸鳍内侧及鳃盖上出现追星外,头部也明显出现追星	胸鳍光滑无追星
鲮鱼	在胸鳍的第Ⅰ～Ⅵ鳍条上有圆形白色追星,以第Ⅰ鳍条上分布最多,用手抚摸有粗糙感觉,头部也有追星,肉眼可见	胸鳍光滑无追星

二、 催情产卵

(一) 催产前的准备

家鱼人工繁殖生产季节性很强,时间短而集中,因此,在催产前务必做好各方面的准备工作,才能不失时机地进行催产工作。这些准备工作包括以下几点:

1. 产卵池

产卵池并不仅仅指的是一个池子,而是一整套的设备,包括产卵池、排灌设备、集卵收卵设备 (收卵网、网箱) 等。产卵池的要求有以下几点:

(1) 位置　为了减少对受精卵运输时造成的损失,产卵池一般与孵化场所建在一起,且靠近亲鱼培育池。

(2) 水源　亲鱼繁殖用水的要求要比养殖用水更严格,因此要求有良好的水源,而且进排水方便。

(3) 大小　对于产卵池的大小没有具体的量化规定,一般是根据繁殖场的规模来定,面积一般 $60 \sim 100$ 米^2,可放 $4 \sim 10$ 组亲鱼 (约 $60 \sim 100$ 千克)。

(4) 形状　对于产卵池的形状也没有特别的要求,为了方便捕捞亲鱼和便于受精卵的收集,一般可为椭圆形或圆形。由于椭圆形产卵池内往往有洄水,故收卵较慢,而圆形产卵池呈中心对称,几乎没有洄水,因此收卵快,效果好。目前大多数的养殖场均采用圆形产卵池。

（5）产卵池的建设 圆形产卵池通常采用三合土结构，或单砖砌成再用水泥抹平，池子的直径以 8～10 米为宜。为了便于快速收集受精卵，通常是将产卵池底建成由四周向中心倾斜的形状，一般中心较四周低 10～15 厘米，池底中心设圆形或方形出卵口一个，这样当产卵池里的水慢慢排出时，受精卵就会随着水流通过出卵口全部进入集卵设备。产卵池设进水管道一个，直径 10～15 厘米，与池壁切线呈 40°角左右，沿池壁注水，使池水流转。放亲鱼前，在池的顶端装好栏网或拦鱼栅，以防止亲鱼在追尾时跳出产卵池而逃鱼。

（6）集卵设施的建设 集卵设施包括集卵池、收卵网和网箱等，集卵池一般采用长方形，长 2.5 米、宽 2 米，底面比出卵口低 0.2 米。通过直径 25 厘米左右的暗管将出卵口与集卵池相连在一起。集卵池出卵暗管伸出池壁 0.1～0.15 米，便于集卵网的绑扎。集卵池末端的池墙设 3～5 级阶梯，每一阶梯设排水洞一个，上有水泥镶橡胶边缘压盖，以卧管式排水和控制水位。

2. 催产剂的种类

目前用于鱼类繁殖的催产剂种类比较多，常用的而且效果比较显著的主要有绒毛膜促性腺激素（HCG）、鱼类脑垂体（PG）、促黄体素释放激素类似物（LRH-A）、地欧酮（DOM）等。

（1）绒毛膜促性腺激素（HCG） 一种白色粉状物，是从怀孕 2～4 个月的孕妇尿中提取出来的一种糖蛋白激素，市面上销售的鱼（兽）用 HCG 是采用国际单位（IU）来计量的。由于 HCG 对温度的反应较敏感而且易吸潮而变质，因此要在低温干燥避光处保存，临近催产时取出备用。储量不宜过多，以当年用完为好，隔年产品影响催产效果。HCG 直接作用于性腺，具有诱导排卵的作用，同时也具有促进性腺发育，促使雌、雄性激素产生的作用。

（2）鱼类脑垂体（PG） 鱼类脑垂体内含多种激素，对鱼类催产最有效的成分是促性腺激素（GtH）。摘取鲤鱼、鲫鱼脑垂体的时间通常选择在产卵前的冬季或春季为最好。GtH 直接作用于性腺，可以促使鱼类性腺发育；促进性腺成熟、排卵、产卵或排精；并控制性腺分泌性激素。

（3）促黄体素释放激素类似物（LRH-A） LRH-A 是一种人工合成的激素，它先作用于脑垂体，由脑垂体根据自身性腺的发育情况合成和释放适度的 GtH，然后作用于性腺。使用 LRH-A 具有操作简便的优点，而且催产效果大大提高，不易造成难产等现象，使亲鱼的死亡率也大大下降。加上购买价格也比 HCG 和 PG 便宜，因此，LRH-A 是目前应用比较广泛的一种催产剂。

（4）地欧酮（DOM）　地欧酮运用于鱼类的繁殖时间不长，具有可以抑制或消除促性腺激素释放激素抑制激素对下丘脑促性腺激素释放激素的影响，从而增强脑垂体促性腺激素的分泌，促使性腺的发育成熟。生产上地欧酮不单独使用，主要与 LRH-A 混合使用，以进一步增加它的活性。

（二）催产季节

由于鱼类是冷血动物，受环境的影响尤其是水温的影响非常明显，包括它们的繁殖也会受到温度的影响，因此在最适宜的季节进行催产，也就是最适宜催产的温度进行适时催产是家鱼人工繁殖取得成功的关键之一。研究表明，四大家鱼的催产水温为 18～30℃，而以 22～28℃ 最适宜，这时亲鱼的性腺发育最完善，催产率和出苗率都处于最高阶段，受精卵的畸形率也最低。在长江中、下游地区适宜催产的时间是 5 月上中旬至 6 月中旬，华南地区适宜催产的时间是 4 月上旬至 5 月中旬，华北地区适宜催产的时间是 5 月底至 6 月底，东北地区适宜催产的时间是 7 月上旬到下旬。

（三）亲鱼的科学配组

1. 亲鱼性腺发育的判别

生产上判断亲鱼性腺发育是否良好，对于那些经验丰富的技术人员来说，可以依据经验从外观上来鉴别；还有一种更科学的方法就是对雌鱼直接挖卵来进行观察。

（1）外形观察　亲鱼在成熟时，它的身体因为繁殖的需要而有一些变化，这种变化从肉眼中就能看出。尤其是雌亲鱼，更容易从外观上进行观察，可根据雌亲鱼腹部的轮廓、弹性和柔软程度来判断。由于雌亲鱼的肚子里储存了大量的卵子，因此腹部膨大、柔软略有弹性且生殖孔红润的雌亲鱼性腺发育良好，反之就说明发育并不是太好。

对于雄鱼，可用手轻挤生殖孔两侧，如果发现有精液流出，而且精液入水即散，说明雄亲鱼的性腺成熟，发育比较好；如果从生殖孔里流出的精液数量很少，而且入水后呈细线状粘连，并没有散开，说明还未完全成熟，需要继续培育；如果从生殖孔里流出的精液量少且很稀，并带黄色，说明精巢已退化萎缩。

（2）挖卵观察　就是利用特制的专用挖卵器直接挖出卵粒，观察雌亲鱼的发育状况。这种方法直观，也比外形观察可靠。挖卵器一般可用不锈钢、塑料或羽毛等制作而成，长约20厘米，直径0.3～0.4厘米。挖卵器表面要光滑，顶端钝圆形，以免取卵时损伤卵巢。挖卵器头部开一长约2厘米的槽，槽两边和前端锉成刀口状，便于挖取卵巢。

挖卵时，先将挖卵器缓缓地插入生殖孔内，然后将挖卵器轻轻地向左或向右偏少许，稍稍用力插入卵巢4厘米左右，再将挖卵器旋转几下，轻轻抽出即可得到少量卵粒。挖出的卵粒可用肉眼直接观察或用透明液处理后观察。

直接观察：将卵粒放在洁净的玻璃片上，观察其大小、颜色及核的位置。如果看到卵粒的大小整齐一致，而且大卵占绝大部分，卵粒的颜色鲜艳有光泽，较饱满或略扁塌，全部或大部分核偏位，就说明性腺成熟较好；如果看到卵粒的大小不整齐，相互之间集结成块状，呈一团一团的，而且卵不易脱落，就说明性腺发育没有成熟，需要进一步培育；如果发现卵粒过于扁塌或呈糊状，卵粒表面没有光泽，表明亲鱼卵巢已退化。

2. 亲鱼的配组

亲鱼的配组就是对成熟的雌、雄鱼进行配组，配组与产卵方式有关。如果采用催产后由雌、雄鱼自由交配的产卵方式，由于雄鱼在追逐雌鱼的过程中，需要消耗大量的体力，因此雄鱼要稍多于雌鱼，一般采用1：1.5的雌、雄比较好，如果雄鱼较少，雌雄比例也不应低于1：1；如果采用人工授精方式，1尾雄鱼的精液可供2～3尾同样大小的雌鱼受精，这是因为雄鱼的精子在集约化使用时，精子的绝对量还是比较高的，因此要求雄鱼可少于雌鱼。还需要注意一点，即同一批催产的雌、雄鱼，个体重量应大致相同，以保证繁殖动作的协调。

（四）催产剂的注射

1. 催产剂的剂量和注射次数

催产剂是亲鱼繁殖中必备的一种药物试剂，长期以来的应用表明，只要准确掌握催产剂的注射种类和数量，既能促使亲鱼顺利产卵、排精，提高受精率，又能通过生理或药物的作用促使性腺发育较差的亲鱼在较短时间内发育成熟。催产剂的剂量应根据亲鱼成熟情况、当时水温、催产剂的质量等具体情况灵活掌握。例如，为了抢占市场，对亲鱼进行提前繁殖时，催产剂的剂量可适当偏高；如果想在秋后进行亲鱼的二次繁殖获得秋苗，也需要加大剂量；而在中期的正常繁殖阶段，使用剂量可适当偏低；另外在温度较低时，剂量可适当偏高；而在温度较高时，剂量可适当偏低；如果亲鱼成熟较差，剂量可适当偏高，以加速性腺的快速发育；而当亲鱼的性腺成熟很优良时，剂量可适当偏低。

催产剂的注射次数应根据亲鱼的种类、催产剂的种类、催产季节和亲鱼成熟程度等因素综合来决定。对于培育比较好的亲鱼来说，如果一次注射可达到成熟排卵，就不宜分两次注射，以避免亲鱼受伤。对于那些培育没有到位，造成性腺成熟较差的亲鱼，可采用两次注射，尤以注射 LRH-A 为佳，以利于促进性腺进一步发育成熟，提高催产效果。根据生产实践，大部分鱼类的人工繁殖都采用两针注射法，这里要注意注射剂量问题：第一次注射量只能是全量的 10% 左右，第二针占全量的约 90%，如果第一针注射量过高，很容易引起亲鱼在短时间内快速成熟而导致早产。

多年的生产实践和科研表明，适合鱼类催产的各种催产剂的剂量和注射次数如下，供参考：

（1）促黄体素释放激素类似物　这种催产剂是目前应用最广泛、应用效果最好的一类催产剂，对鲢鱼、鳙鱼、草鱼、青鱼、鲮鱼等都有明显的催产效果，由于 LRH-A 是作用于鱼类脑垂体，对保护不产亲鱼有良好的作用，因此在生产上常被各生产单位应用。

鲢鱼、鳙鱼：既可以单一使用，也可以混合使用。单一使用 LRH-A 剂量为 10 微克/千克（以每千克鱼体重为计算单位，下同），注射基本上都采用两针注射法。第一针注射 LRH-A 或 LRH-A$_3$ 1～2 微克/千克，放回原池进行培育，经 1～3 天后进行第二针注射，注射量为 10 微克/千克。此法可较好地起到催熟的作用，催产率高而稳定。

但是在生产上更多的是使用二次注射，效果更好，具体方法有三种：

① LRH-A 与 DOM 混合使用。第一次注射 LRH-A 5 微克/千克 ＋ DOM 0.5 毫克/千克，放回原池中进行培育，大约经过 8 小时，再进行第二次注射，注射 HCG 800 国际单位/千克，催产效果很好。

② LRH-A 与 HCG 混合使用。第一次注射 LRH-A 1～2 微克/千克，放回原池中进行培育，大约经过 12 小时后，再进行第二次注射，注射 LRH-A 8～9 微克/千克 ＋ HCG 800～1000 国际单位。

③ LRH-A 与脑垂体混合使用。第一次注射 LRH-A 1～2 微克/千克，放回原池中进行培育，大约经过 12 小时后，再进行第二次注射，注射 LRH-A 8～9 微克/千克 ＋脑垂体 0.5～1.0 毫克/千克。

雄鱼都采用一次性注射，注射时间与雌鱼第二次注射同步，注射剂量按雌鱼同等体重应当注射的一半剂量即可。

草鱼：草鱼对 LRH-A 反应相当灵敏，而且效应时间相当稳定，所以在生产上通常采用一次注射 LRH-A 5～10 微克/千克，效果很好，在亲鱼培育良好的情况下，一般不需要采用二次注射。雄鱼所用催产剂的剂量是雌亲鱼剂量的一半。

青鱼：由于青鱼的个体大，要求它们都是以池塘里的螺蛳、蚬贝等为饵料，局限于这种饵料的条件较高，在池塘里进行人工培育过程中，往往导致它们的性腺发育成熟度较差。所以在生产上一般一次注射是达不到效果的，基本上都是采用二次注射，对于培育很不好的亲鱼甚至会进行三次注射。

① 二次注射。第一次注射采用 $LRH-A_3$ 1～3 微克/千克，放回原池中进行培育，大约经过 24～48 小时，再进行第二次注射，可采用注射 LRH-A 20 微克/千克 ＋ DOM 5 毫克/千克或 LRH-A 7～9 微克/千克 ＋ 垂体 1～2 毫克/千克。雄鱼采取一次性注射，注射时间与雌鱼的第二次注射同步，一般剂量为雌鱼的一半，如果雄鱼的性腺发育欠佳，可用同一剂量。

② 三次注射。进行三次催产的鱼类不多，其本质就是在二次催产的基础上进行一次预备催产，在生产上称为打预备针，时间宜在催产前 15 天左右，每尾注射 $LRH-A_3$ 5 微克，然后放回原池中进行培育，这是第一次注射；临近催产前，进行第二次注射，注射剂量为 LRH-A 5 微克/千克；放回原池中进行培育，经过 12～20 小时后进行第三次注射，剂量为 LRH-A 20 微克/千克＋DOM 5 毫克/千克或 LRH-A 10 微克/千克＋脑垂体 1～2 毫克/千克。雄鱼的注射次数要根据它的性腺的成熟度而定，对于那些培育很好的雄鱼，可以在雌亲鱼第三次注射时同时注射雄鱼，注射雌鱼的一半剂量。如果雄鱼成熟度比较差，挤不出精液或者精液很少很稀，这时要加强培育，可于雌鱼打预备针的同时注射一针预备针，剂量与雌鱼相同，再在雌亲鱼第三次注射时注射一次催产剂，注射雌鱼的一半剂量。

鲮鱼：鲮鱼一般比较好培育，而且个体也不大，在注射催产剂时一般只需注射一次，催产剂的用量为 LRH-A 30～50 微克/千克，雄鱼剂量减半。

（2）鱼类脑垂体（PG）　鱼类脑垂体是一种广谱性的催产剂，对鲢鱼、鳙鱼、草鱼、青鱼（四大家鱼）及鲮鱼的催产效果都很显著，使用剂量为脑垂体干重3～5毫克/千克，相当于体重0.5千克左右的鲤脑垂体3～5个，或体重1～2千克的鲤脑垂体1～2个，或体重约0.15千克的鲫脑垂体8～10个。鱼类脑垂体可以人工提取，在鲤鱼、鲫鱼丰富的地区，完全可以大量使用鱼类脑垂体作为主要的催产剂。

（3）绒毛膜促性腺激素（HCG）　生产实践表明，绒毛膜促性腺激素对鲢鱼、鳙鱼的催产效果好，一般使用剂量为800～1200国际单位/千克。对于那些培育较好的亲鱼，使用剂量可适当降低，对于培育效果不是太好的亲鱼，可适当加大使用剂量；另外在繁殖早期水温较低时，可适当提高使用剂剂量，到了繁殖盛期时剂量可以稍低一点。由于这种催产剂的价格较高，一旦剂量过高，既浪费药物，同时亲鱼体内也容易产生HCG抗体，会影响以后（尤其是第二年）的催产效果，对鱼有害无益，因此一定要控制好剂量。

在广东、广西地区，由于温度要比长江流域高，因此许多亲鱼都可以进行二次产卵。为了实现生产目的，可将产过卵的亲鱼放在专用的培育池中进行专门强化培育，经40～70天的精心培育后，只要性腺发育良好就可进行第二次繁殖。第二次催产以采用脑垂体抽提液或脑垂体与LRH-A混合剂效果较佳，具体使用剂量同前文所述一样。

2. 注射方法

（1）注射时间　应根据当时水温、亲鱼的发育情况和催产剂的种类等计算好效应时间，掌握适当的注射时间。一定要将催产时间控制在早晨或上午，有利于雌鱼产卵、雄鱼排精、人工授精等工作的进行。

（2）体腔注射　四大家鱼催产剂的注射方法可以分为体腔注射和肌内注射两种，目前生产上多采用体腔注射法。注射时，先由一个人用鱼担架把鱼装好，使担架中的鱼侧卧在水中，另一个人的一只手把鱼上半部托出水面，露出胸鳍基部无鳞片的凹入部位，这时再将针头朝向头部前上方与体轴成45°～60°角刺入。针头进入鱼体腔的深度也有讲究，通常为1.5～2.0厘米。刺入太浅，药液有可能进不了鱼体内；刺入太深，可能会伤及鱼的内脏。最后把注射液徐徐注入鱼体。注射完毕迅速拔除针头，再把亲鱼放入产卵池中。

（3）肌内注射　肌内注射部位是在侧线与背鳍间的背部肌肉。注射时，也需要由一个人用鱼担架把鱼装好，使担架中的鱼立在水中，另一个人的一只手把鱼上半部托出水面，露出侧线与背鳍间的背部肌肉，把针头向头部方向稍挑起鳞片刺入，刺入深度以 2 厘米左右为宜，然后把注射液徐徐注入。注射完毕迅速拔除针头，再把亲鱼放入产卵池中。

要注意的一点就是，在注射过程中，当针头刺入后，鱼可能感受到疼痛或其他的不适应感觉，有时亲鱼会突然挣扎扭动，这时不要强行继续注射，应迅速拔出针头，以免针头弯曲或针头断在鱼的肌肉里，或划开肌肤造成出血发炎，可待鱼安定后再进行注射。

（五）效应时间

所谓效应时间是指亲鱼注射催产剂之后（如果不是一次性注射，则是指最后一次注射催产剂）到开始发情产卵所需要的时间，简单地说，就是催产剂起具体作用的时间。效应时间的长短与催产剂的种类、水温、注射次数、亲鱼种类、年龄、性腺成熟度以及水质条件等有密切关系。

催产剂的种类影响效应时间：注射脑垂体比注射 HCG 效应时间要短，一般短 1~2 小时；注射 LRH-A 比注射脑垂体或 HCG 效应时间要长一些。

（六）受精

亲鱼经过人工注射催产剂后，到了效应时间后就需要及时产卵、排精。根据目前人工干预的程度，我们可以将受精方式分为自然产卵受精和人工授精两种。

1. 自然产卵受精

随着效应时间的临近，亲鱼的发情会达到高峰，这时的雄鱼会更加兴奋，用头顶雌鱼腹部，使雌鱼侧卧水面，在雄鱼的刺激下，雌鱼的腹部和尾部激烈收缩运动，卵球就会一涌而出，这就是自然产卵；同时，雄鱼紧贴雌鱼腹部而排精。有时也可看到雌、雄鱼扭在一起，如同交合状，同时产卵、排精。在一个产卵池里，往往有好多组亲鱼，由于培育技术相对稳定，打针时间相对固定，所以往往是一群亲鱼几乎会在几小时内全部产卵。整个产卵过程持续时间的长短，与亲鱼的种类、亲鱼的体质、催产剂的种类和生态条件等有关。

由于自然繁殖受外界干扰的因素较多，因此当亲鱼在产卵池中自然产卵受精时，必须时刻注意产卵池的管理工作。一是要有专人值班，观察亲鱼动态，一旦亲鱼有发情行为，尤其是临近效应时间时，更要注意它们的发情行为，做到及时报告及时掌握；二是保持产卵池附近环境安静，以免嘈杂声响惊扰亲鱼，从而导致产卵不顺；三是加强水质监管，在催产池中每2～3小时换水一次，以防催产池因水体小而造成亲鱼缺氧；四是发情前2小时左右开始连续冲水；五是在发情约30分钟后，要不时地检查收卵箱，检查时动作要轻慢，减少对正在产卵亲鱼的刺激，观察是否有卵出现；六是当鱼卵大量出现后，要及时捞卵，运送至孵化器中孵化。

2. 人工授精

所谓人工授精，就是通过人为的干预措施，促使精子和卵子在很短的时间内混合在一起，从而完成受精作用的方法。人工授精的核心是保证卵子和精子的质量，因此，在人工授精时，要根据亲鱼的种类、水温等条件，准确掌握采卵、采精方法，保证卵子和精子能在最短的时间内完成受精，这是人工授精成败的关键。

家鱼人工授精方法共有三种，即干法、半干法和湿法。

（1）干法人工授精　在效应时间快到来时，要加强对亲鱼的观察，当发现亲鱼发情开始产卵时，立即捕捞亲鱼检查。当用手轻压雌鱼腹部时，如果发现卵子能自动流出，说明亲鱼可以进行采卵了，这时一人用手轻轻压住生殖孔，将鱼提出水面，擦去鱼体水分，然后松开手，配合另一人将卵挤入擦干的脸盆中，每一脸盆可放卵50万粒左右。采卵后立即用同样的方法向脸盆内挤入雄鱼精液，用手或羽毛轻轻不间断地搅拌1～2分钟，使精、卵充分混合，这就完成了受精。之后徐徐加入少量清水，再轻轻不间断地搅拌1～2分钟。将脸盆放在阴凉的地方静置1分钟左右，倒去污水，这个过程就是洗卵。再加少量清水，搅拌后静置，然后再倒去污水，这样重复用清水洗卵2～3次，就可以移入孵化器中进行孵化。

（2）半干法人工授精　采卵的方法与干法人工授精是一样的，有区别的地方就是将精液挤出或用吸管吸出，用0.3%～0.5%生理盐水稀释，然后直接倒在卵上，用手或羽毛轻轻不间断地搅拌2分钟左右，使精子和卵子充分混合，完成受精。洗卵过程与干法人工授精是相同的，最后就是将洗好的卵移入孵化器中进行孵化。

（3）湿法人工授精　取一干净的脸盆，将脸盆装1/3左右的清水，要求清水干净卫生，然后按同样的方法采卵、采精，唯一不同的就是精、卵受精的环境不同，采用湿法人工受精是将精、卵挤在盛有清水的盆中，然后用手或羽毛均匀搅拌 2 分钟左右，使精子和卵子充分混合，完成受精，洗卵过程与干法人工授精是相同的，最后就是将洗好的卵移入孵化器中进行孵化。

三、 孵化

孵化是进行四大家鱼繁殖的最后一道程序，是指受精卵经胚胎发育至孵出鱼苗为止的全过程。

目前生产上常用的孵化工具有孵化桶、孵化缸、孵化环道和孵化槽等。

1. 孵化桶

孵化桶（图 2-1）通常是用白铁皮、塑料或钢筋水泥制成，各地宜因地制宜。每个孵化桶的大小可根据需要而定，一般以容水量 250 千克左右为宜。孵化桶的底部有鸭嘴形的进水口呈一定角度排列，确保整个孵化桶里的水能形成水流，满足鱼卵对水流和氧气的需求；在桶的口沿部位设有 20 目的纱窗或筛绢，防止鱼卵和鱼苗在水满时溢出，纱窗可用铜丝布制成，规格为 50 目/厘米^2。鱼卵放入孵化桶前应清除混在其中的小鱼、小虾和脏物等敌害和杂质，放卵密度约为每桶放卵 20 万～40 万粒。水温高时，受精率低的鱼卵密度宜适当减少。在孵化过程中，尤其是快到脱膜时要加强观察，多清洗附着在纱窗或筛绢上的污物和卵膜，确保水流畅通和氧气充足。

图 2-1　孵化桶

2. 孵化缸

孵化缸因具有结构简单、造价低、管理方便、孵化率较稳定等优点，选用较普遍。孵化缸由进出水管、缸体、滤水网罩等组成。缸体可用普通盛水容量为250～500千克的水缸改制，或用白铁皮、钢筋水泥、塑料等材料制成。水缸改造较经济，采用广泛。按缸内水流的状态，分抛缸（喷水式）和转缸（环流式）两种。抛缸，只要把原水缸的底部用混凝土浇制成漏斗形，并在缸底中心接上短的进水管，紧贴缸口边缘，上装每厘米16～20目的尼龙筛绢制成的滤水网罩即成。用时水从进水管入缸，缸中水即呈喷泉状上翻，水经滤水网罩流出。鱼卵能在水流中充分翻滚、均匀分布。如能在网罩外围做一个溢水槽，槽的一端连接出水管，就能集中排走缸口溢水。抛缸一般比转缸高20%，每立方米水体可放卵200万～250万粒，日常管理和出苗操作皆方便。转缸，在缸底装4～6根与缸壁呈一定角度、各管呈同一方向的进水管，管口装有用白铁皮制成的、形似鸭嘴的喷嘴，使水在缸内环流回转。由于水是旋转的，排水管安装在缸底中心，并伸入水层中，顶部同样装有滤水网罩，滤出的水随管排出，放卵密度为每立方米100万～150万粒。

3. 孵化环道

孵化环道（图2-2）是目前生产上应用最广泛、效果最好的一种卵化设施，是适用于较大规模的生产单位选用的孵化设备，由进排水系统、环道、集苗池、滤水网闸等组成。一般是用水泥或砖砌的环形水池，大小依

图2-2　孵化环道

生产规模而定。孵化环道的容水量视生产规模而定，可根据每立方米水体放卵 100 万～120 万粒的密度，以及预计每批孵化的卵数，计算出所需要的水容量，再以环道的高和宽各为 1 米，反算出环道的直径。环道有 1～3 道，以单道、双道常见。形状有椭圆形和圆形，以圆形为好。单环环道，内圈是排水道，外圈是放卵的环道。双环环道，有两圈可放鱼卵的环道，外环道比内环道高 30～35 厘米，以便外环道向内环道供水，但内环道仍装有进水管道与闸阀，又可直接进水，在内环道的内圈是排水道。三环环道，是在双环环道的基础上再增加一道环道。由于向内侧排水，故各环环道的内墙都装有可留卵排水的木框纱窗，数量随直径变化（通常按周长的 1/8 或 1/16，装窗一扇）。也有的环道，采取向外溢水，则纱窗安装在外墙，所溢出的水从外墙的排水道流走。总的进出水管都在池底，以闸阀控制。每一环道的底部，有 4～6 个进水管的出口，出水口都装有形似鸭脚的喷嘴，各喷嘴需安装在同一水平，同一方向，保证水流正常地不断地流动。鱼卵在环道中，顺流不停地翻滚浮动。在用环道孵化时，常常发现鱼苗有贴膜现象，只要鱼苗贴在纱窗上，基本上就会死亡，其解决措施就是将孵化环道的过滤纱窗加大，增加有效过滤面积。

4. 孵化槽

孵化槽（图 2-3）是用砖和水泥砌成的一种长方形水槽，大小根据生产需要而定。较大的长 300 厘米、宽 150 厘米、高 130 厘米。每立方米可放 70 万～80 万粒鱼卵。槽底装 3～4 只鸭嘴喷头进水，在槽内形成上下环流。

一般在鱼卵脱膜孵出 4～5 天后，鱼苗的卵黄囊基本消耗，能开口主

图 2-3　孵化槽

动摄食，而且可见腰点（即鳔已经具备充气功能，能上下浮沉）和游动自如时，即可下塘。鱼苗下塘时应注意池塘水温与孵化水温不要相差太大，一般不宜超过±2℃。这时鱼苗幼嫩，在进行捞苗、运输等操作过程中要细致、谨慎，不可损伤鱼苗。

第二节　鲤、鲫和团头鲂的人工繁殖

一、　鲤鱼的人工繁殖

在长江流域，从每年的 2 月底到 6 月初是鲤鱼（图 2-4）性腺成熟和产卵的时间，繁殖的高峰期在每年的 5 月份。鲤鱼在流水或静水中均能产卵，产卵场所多在水草丛中，卵黏附于水草上发育。鲤鱼卵巢在产完卵后直到 10 月份才会渐渐退化吸收，到 11 月份又逐渐发育，鲤鱼的性周期就这样周而复始地进行。

图 2-4　鲤鱼

1. 雌雄亲鱼的鉴别

在生殖季节期间，鲤鱼亲鱼的副性征是比较明显的，鉴别起来就非常容易，通常可从三方面进行鉴别：一是从腹部来看，雌鱼的腹部膨大柔软，成熟时稍微用手轻轻挤压，就会有卵粒流出，而雄鱼的腹部较狭窄，成熟时轻压有精液流出；二是看亲鱼胸、腹鳍上的追星，这是鲤鱼最显著的一个副性征，雌鱼胸鳍没有或很少有追星，而雄鱼的胸、腹鳍和鳃盖上有追星；三是看生殖孔，在繁殖季节，出于生殖活动的需要，雌鱼的生殖孔红润而突出，非常明显，而雄鱼的生殖孔不红润而略向内凹。

2. 鱼巢

由于鲤鱼具有产黏性鱼卵的特点，为了便于鱼卵的附着和收集，在生产上就要提供水草或其他可黏附鱼卵的附着物，满足它们繁殖的需要，这种人为提供的附着物，称为鱼巢。在产卵前，要在产卵池内加入用水草做成的产卵巢，使鱼卵受精后可以黏附在水草上，便于以后孵化。如果因条件原因受精卵没有黏附在物体上，则沉到水底，因挤压透水条件不好，或被池底污物埋住而腐败死亡，影响孵化率。

（1）鱼巢的制备　一是用棕榈树皮制备鱼巢的方法，先将棕榈树皮用清水洗净，主要是清除它表面上的污泥杂物，然后放在大锅中或蒸或煮约一小时，目的是除掉棕榈皮内部所含的对鱼卵有害的单宁等物质，晒干后备用。在制作时，先轻轻地用小锤锤打片刻，然后将棕榈皮多扯动几次，让它充分松软，目的是增加卵的附着面积。最后把这些棕榈皮用细绳穿起成串，一般按照4~5张棕榈皮为一束的大小捆扎成伞状；要注意的是不能将几张棕榈皮皱缩在一起，这样会减小附着的有效面积。为预防孵化时发生水霉变，可将棕榈皮扎成的鱼巢放在0.3％福尔马林溶液中浸泡20分钟，或1/10000孔雀石绿溶液中浸泡15分钟，取出后晒干待用。

二是用杨柳树须根制备鱼巢的方法，基本上与棕榈皮制备鱼巢是一样的。只是要将杨柳树须根的前端硬质部分敲烂，拉出纤维使用，树根的大小要搭配得当，为了方便取卵，可用细绳将树根捆扎成束，最后把它们固定在一根竹竿上，插入池中即可。冬青树嫩根的制备方法与之极为相似。

三是用稻草制备鱼巢的方法，先将稻草晒干，然后用干净的清水浸泡8小时左右，稍晾干至不滴水为宜，然后用小木槌轻轻锤打松软，经过整理再扎成小束，每束以手抓一把为宜，最后固定在竹竿上，插入水中即可。

四是用水草制备鱼巢的方法，第一是要选好水草，水草的茎叶要发达，放在水中能够快速散开，形成一大片伞状的鱼巢；第二是水草要无毒；第三是水草要适应鲤鱼的生长需要；第四是水草的茎要有一定的长度和韧性。根据生产实践，目前常用的水草有菹草、马来眼子菜、鱼腥草等。以水草作为材料的鱼巢，一般每束鱼巢使用一次，如果在鱼苗孵出后，水草尚未腐烂，可用来投喂草鱼、鲂鱼等食用鱼。

（2）鱼巢处理　由于鱼巢所用的材料基本上是来自水体中的各种水生植物，均来自天然水体中，常会带有野杂鱼的卵、鱼苗等敌害和病菌，因此，必须在用前半月左右捞回来，经过处理，除去枯枝烂叶，清洗干净，用药物消毒，然后用清水冲洗除去药液后方能使用。处理鱼巢常用的方法有：

① 用2%的食盐水浸泡20～40分钟，可杀灭附在水草上的病菌和寄生虫，也可使水螅从水草上脱落，对水草无害。

② 用1毫克/升的高锰酸钾溶液浸泡1小时左右或用20毫克/升的高锰酸钾溶液浸洗消毒5分钟，以杀死水草中可能附着的其他敌害生物的卵或其他病原体，再用清水冲洗干净，然后捆扎成束或铺撒于水面即可。

③ 用20毫克/升的呋喃西林药液，浸泡1小时左右，杀菌能力很强。

④ 用8毫克/升的硫酸铜溶液，浸泡1小时左右，可杀死水螅和病菌。

⑤ 杨柳根和棕榈皮、棕榈丝需用水煮过、消毒，除去单宁等有毒物质。值得注意的是，用棕榈皮和须根所制成的鱼巢，只要妥善保管，可使用多年。第二年再用时，仅洗净、晒干即可，在当年使用结束后要及时用清水洗净，不要留下鱼腥味，以防止蚂蚁和老鼠的破坏。

（3）鱼巢的布置方式　鱼巢在产卵池内布置适当与否，能直接影响到雌鱼的产卵效率和鱼卵在巢上的附着率。根据生产实践，人工制作的鱼巢以布置在产卵池的背风处为好，为了方便观察和下卵，鱼巢应集中连片。常见的布置方法有悬吊式和平铺式（平列式）两种。

① 悬吊式布置　就是把制作好的单束或几束鱼巢，悬挂吊在竹竿上，然后将竹竿再按一定的方式插入池塘中。要注意的是，鱼巢应吊在水面下15～20厘米的水层中，最下端也要离池底50厘米左右，以便取得较好的附卵和孵化效果。可根据竹竿的多少，排列成不同的方式，如三角形、方形、长方形、圆环形、多边形等。

② 平铺式布置　主要是方便用水草制作的鱼巢而设置的，就是用稀疏的竹帘围成圆环，保持帘的上端稍高出水面，下端垂在水层中约2/3，然后将水草铺撒在圆环之中。

（4）鱼巢的投放时间　水草等鱼巢材料经消毒处理后，扎制成束，并布置在产卵池内。杨柳根和棕榈皮、棕榈丝和人造纤维等也要扎成小捆，再用绳系于产卵池中。在布置时要根据亲鱼的培育情况，准确估计产卵时间，及时投放鱼巢。既不要太早也不要太迟，如果是过早投放鱼巢，这些鱼巢由于在水中较久容易腐烂而影响水质，尤其是用棕榈皮和杨柳根须扎制的鱼巢，久浸水中则容易附着过多的淤泥而影响鱼卵的附着。过迟投放鱼巢则导致亲鱼的成熟卵产出后没有地方附着，而掉落在水底窒息死亡，影响繁殖效果。

（5）鱼巢投放密度　根据雌亲鱼的数量来决定鱼巢的投放密度，掌握每尾雌鱼以投放 4～5 束鱼巢为准，投放过多，会造成鱼巢的浪费和人力资源的浪费；投放过少，一是可能造成部分亲鱼在排卵时没有地方附着卵粒，二是导致鱼卵黏着过密，将降低孵化率。

（6）及时取走鱼巢　如果发现鲤鱼大批产卵，鱼巢上已经布满了卵粒，就要根据情况立即取出，同时再另挂新鱼巢。取出产卵巢的时机要掌握好，取出过早，鱼苗不够健壮，有死亡的危险；取出过迟，产卵巢上腐败的卵会影响水质。因此，通常在鱼苗出膜后取出产卵巢。如气温很高，二三天后取出产卵巢；气温低时，三四天后取出产卵巢；如果是梅雨季节，产卵巢取出时间可适当延长。

3. 亲鱼配组

亲鱼配组是鲤鱼繁殖成功的技术措施之一，一般采取的雌雄比例为 1：3，也有 1：2 或 1：1 的。雌雄亲鱼配组放入产卵池后，最好加入新水 3～7 厘米，并放入鱼巢。

4. 亲鱼的产卵

（1）产卵时间　鲤鱼产卵时对环境条件的要求不高，在一般江湖、池塘中都能自然产卵，鲤鱼在南方只要三四月份池塘里的水温升高到 18℃ 左右，就可以开始繁殖。而在北方开始产卵时的水温则低一点也没关系，例如黑龙江地区鲤在水温 14℃ 时就可产卵，吉林地区为 15℃，辽宁地区为 16℃。

（2）产卵时间　鲤鱼经配组后，一般午夜至翌日早晨 6：00～8：00 产卵最盛，到中午停止，但也有在下午或傍晚产卵的。具体时间根据各地的气温不同而略有差异。有时养殖者利用气温、水质、气压、光线、溶氧量等条件控制鲤鱼的产卵时间。

（3）促产措施　如配组后数天不产卵，即要采取一些促使鲤鱼产卵的措施。第一种措施是采用"晒背"和冲水相结合的办法，先将池水排出一部分，保持水深约 15 厘米，使鲤鱼的背部露出水面。日晒半天后，到傍晚时，再注入新水，达到原来水位，这样连续 1~2 天，就可促使亲鲤产卵。第二种措施是在鲤鱼产卵活动缓慢时，使用增氧泵增加水中溶氧，鲤鱼相互追逐产卵的活动又会变得频繁起来，说明水中的溶氧高低能直接影响鲤鱼产卵活动的盛衰。第三种措施就是人工注射催产剂，可注射 LRH-A、鱼类脑垂体或 HCG，催产方法和使用剂量与家鱼相同。鲤亲鱼经催产注射后，可放入产卵池自然产卵，也可将雌雄亲鱼分放在网箱中，待到发情产卵时，再进行人工授精脱黏孵化。

5. 孵化

（1）池塘孵化　生产上多直接使用鱼苗培育池进行孵化，以减少鱼苗转塘的麻烦。这是黏性和微黏性鱼卵孵化最基本的方法，也是当前生产中广泛采用的方法。孵化池，大多数采取夏花培育池兼作孵化使用。一般每亩池塘放鱼卵 50 万粒左右。池塘的选择、清整及进排水处理等见前文。

池塘孵化的方法也是很简单的，一般是将从产卵池里取出的鱼巢悬挂在池塘水中即可。为了提高孵化率，可采用在孵化池搭设孵化架的方式，然后用绳在水面下 15 厘米左右相互连接形成网状，再把鱼巢解开，一片一片地散开平铺在绳网上，进行孵化。这种方法使鱼巢不致重叠，氧气丰富，水霉菌也不易感染，所以孵化率较高。

孵化池塘内最好能控制水温在 24~30℃，保持微流水，水交换量 0.5~0.8 米³/小时。不同的水温条件下，孵化时间也略有差异，例如在水温 23~25℃ 的条件下，孵化时间为 24~36 小时；在水温 25~30℃ 的条件下，孵化时间为 18~20 小时。由于孵化时间较长，鱼巢及卵上经常会沉附污泥，应经常轻晃清洗，孵化期间要保持水质清洁，透明度较大，含氧量高，肥水和浑浊的水对孵化不利。孵化期间每天早晨要巡塘，发现池中有蛙卵时，应随时捞出。

鱼苗刚孵出时，不要立即将鱼巢取出。这是因为刚刚从受精卵里孵化出来的小鱼苗依然把鱼巢作为它们自己的家，它们没有游泳能力，而是全部附在鱼巢上，用自身卵黄囊的卵黄作营养。只有等五六天，当鱼苗的卵黄囊基本消失、鱼苗也具有游泳能力且能主动摄食时才能将鱼巢取出，取鱼巢时要轻拿轻放，并用手轻轻地在水中抖动鱼巢，让躲藏在鱼巢中的小鱼苗全部游走。

（2）流水孵化与脱黏　流水孵化设备，是依据江河的自然状况，排除其中一些不利因素设计的。设备保证了鱼卵在水中漂浮，能保持较稳定的水温和充足的氧气，水流流速可根据胚胎发育进程加以调节。目前主要使用的流水孵化设备有孵化缸和孵化环道。

由于鲤鱼卵为黏性卵，如果不经过脱黏，在孵化时卵粒会黏结在一起而发霉，甚至会造成全环道的卵粒死亡。因此，对于采用人工授精法取得的受精卵，必须用脱黏剂使鲤鱼的黏性卵全部失去黏性，然后把鱼卵放在孵化桶等孵化器中进行流水孵化。这对减少水霉菌的感染、提高孵化率有好处。

脱黏方法通常采用下列几种：

① 泥浆脱黏。此方法优点是简单易行，取材方便，成本低，效果好，脱黏必须用人工授精的卵才能进行。

具体做法是选用含沙量少、杂质少的黄泥加水搅成泥浆，经 40 目网布过滤去杂，按 15%～20% 的浓度兑水成浆，浓度像米汤一样，放在缸内备用。脱黏时，一人不停地用双手翻动泥浆，另一人将干法人工授精后的鱼卵（不加水）每次倒少量于手中，放在泥浆中振动几下，将卵散开在泥浆中去黏，等到卵全部散开后，继续搅动泥浆 1～2 分钟，再将泥浆连同受精卵一起倒入网箱，洗去多余的泥浆，筛出鱼卵，过数后倒入孵化环道或孵化缸中孵化。

② 滑石粉脱黏。滑石粉，即含水硅酸镁 $Mg_3[Si_4O_{10}](OH)_2$，代替泥浆去黏，效果很好且成本低。滑石粉颗粒微细，不会在卵膜上形成浓厚的黏附层增加鱼卵的密度，而且卵膜仍相当透明，便于观察胚胎发育状况。在鱼卵孵化过程中，黏附的滑石粉逐渐脱落，鱼卵更加透明。加入一定量的氯化钠，能提高脱黏效果，并可激发精子的活动能力，提高受精率。

用 100 克滑石粉和 20～30 克食盐，混合在一起放入 10 千克水中，仔细搅拌制成滑石粉悬浮液。把干法人工授精的鱼卵徐徐倒入悬浮液中，每 10 千克滑石粉悬浮液可放鱼卵 1～1.5 千克，边倒边用手搅动，使鱼卵充分分散在悬浮液中。需搅 15 分钟左右，再用水冲洗去多余的悬浮液，然后放入孵化设备中孵化。

流水孵化：采用脱黏法除去鱼卵黏性后，再移入孵化设备，进行流水孵化。孵化密度以每立方米水体放卵 150 万～200 万粒为宜。管理上，在鱼卵孵化期，因卵可忍受较大的水流冲力，且密度又较漂浮性卵大，需较大的水流才能保证鱼卵在水中充分翻滚，水流速度不宜过大，以卵粒能翻上水面复又分散下沉即可，出膜后鱼苗忍受水流的冲力，比漂浮性卵所孵出的苗弱，必须适当降低流速。

（3）淋水孵化　选择通风的房屋，在室内搭架，将鱼巢均匀地悬挂在架上；或架上设竹帘，将鱼巢平铺在竹帘上。经常用水壶淋水，淋水时间和次数以保持鱼巢湿润为度。孵化期间室温控制在 20～25℃。

二、异育银鲫的人工繁殖

异育银鲫（图 2-5）是鲫鱼异精雌核发育的后代，也是人工培育的新品种之一，采用方正银鲫为母本（在自然界绝大多数是雌鱼，雄鱼很少），兴国红鲤为父本，人工杂交而成。在繁殖过程中，雌、雄亲鱼的精、卵并未结合，主要原因是雄鱼的精子只是起诱使雌鱼产卵的作用。

图 2-5　异育银鲫

1. 培育池的准备

设置专用的亲鱼培育池，面积以 1～2 亩为宜，太小了不利于亲鱼的活动，太大了不利于卵子的附着和收集，也不方便对亲鱼的管理，水深 1 米左右，池底的淤泥不要太多，注排水方便，环境安静。

2. 亲鱼选择

选用壮年鱼繁育后代，雌亲鱼用异育银鲫，需采用第二次性成熟的个体，体重 0.4～0.75 千克。雄亲鱼用兴国红鲤，体重 1～3 千克。要求所选择的雌、雄亲鱼身体健壮、无病无伤。异育银鲫性成熟的标志是腹部膨大而柔软，卵巢轮廓明显，生殖孔微红微突，轻压腹部能挤出少量卵粒。兴国红鲤雄鱼以轻压腹部有乳白色精液流出者为宜。

3. 鱼巢的处理和设置

鱼巢的制作、处理和设置等技术措施和鲤鱼的繁殖是相同的，可以借鉴前文。

4. 产卵

异育银鲫在池塘中可以自然产卵，其产卵方式同鲤鱼相似。但是在生产上要想让绝大部分异育银鲫性腺同步成熟、同步产卵，就需要采用人工催产的方式。

在合适的催产季节和时间内进行人工催产，催产季节一般为 4~5 月，催产时间最好选择在晴天。人工授精时间最好控制在清晨，可按效应时间推算，确定末次注射的时间。

催产药物一般选用 LRH-A 和 HCG，混合注射，对于性腺发育较好的亲鱼，采用一次注射法，催产剂量为每 0.5 千克异育银鲫注射 20~25 微克 LRH-A＋1000~1500 国际单位 HCG。雄鱼不注射 LRH-A，只注射 HCG，剂量为每 0.5 千克的兴国红鲤注射 500~750 国际单位 HCG。对性腺发育成熟一般的亲鱼，雌鱼宜用二次注射法。第一次只注射 LRH-A，剂量为全剂量的 1/10（每 0.5 千克约 2~2.5 微克 LRH-A），针距 24 小时后再进行第二次注射，将余下的催产药物（包括剩下的 LRH-A 和未注射的 HCG）全部注入鱼体。雄鱼不注射第一针，只注射第二针，药物只注射 HCG，剂量为每 0.5 千克的兴国红鲤注射 500~750 国际单位 HCG。由于鲫鱼的个体小，注射角度和进针深度均要小一些。已注射的雌、雄鱼可分开暂养，在网箱中待产。在水温 18~22℃时，一次注射的效应时间为 16~20 小时，二次注射的效应时间为 10~12 小时。

5. 人工授精

为了提高异育银鲫的繁殖效率，生产上都是采用干法人工授精的方法。等催产药物的效应时间到了的时候，捕起成熟异育银鲫，一手抓住鱼的头部，一手扣住生殖孔，以防止成熟卵流出。用干毛巾擦干鱼体，轻挤腹部，鱼卵顺流而下，将成熟卵挤入干燥的瓷碗内。待碗内挤满大半碗成熟卵后（通常需数尾雌鱼），立即挤入兴国红鲤雄鱼的精液，可直接滴在鱼卵上，精液数量随鱼卵多少而定，一般 5 万~10 万粒卵滴 5~10 滴精液即可，精子主要起激活作用，并不是为了受精，这时用干羽毛轻轻将精、卵搅拌均匀，然后把精、卵慢慢倒入滑石粉悬浮液中，搅动滑石粉悬浮液完成受精和脱黏。挤卵、挤精、脱黏操作必须在阴凉的环境中进行，严禁阳光直射，以防紫外线杀伤精、卵细胞。搅动5～10分钟左右后用密网或筛绢滤出受精卵（滤出的滑石粉悬浮液仍可用于脱黏），在水中漂洗1～2次，最后放入孵化桶中孵化。

在挤卵的时候要注意观察，如果发现雌鱼仅挤出少量卵粒或者根本挤不出卵粒，这时就不必硬挤了，这说明卵还没有完全成熟，可把异育银鲫放入网箱内暂养1～3小时后，再进行第二次挤卵。如果发现挤出的卵内含有大量灰白色卵粒，表明该卵已过熟，应弃之不用。

图 2-6　鱼卵的孵化

6. 孵化

脱黏后的鱼卵为沉性卵，一般均采用孵化桶孵化，放卵密度为每桶50万粒左右。在孵化过程中，尤其是快到脱膜时要加强观察，多清洗附着在纱窗或筛绢上的污物和卵膜，确保水流畅通和氧气充足（图 2-6）。

三、 团头鲂的人工繁殖

1. 亲鱼的培育

（1）成熟年龄　在自然水域中，团头鲂（图 2-7）性成熟年龄为2～3龄，一般体重在0.3千克以上。

（2）雌雄鉴别　团头鲂的雌雄鉴别相对于鲤鱼来说，要容易得多，尤其是在生殖季节更容易鉴别。一是从胸鳍上来鉴别，在生殖季节团头鲂雌鱼的胸鳍光滑而无追星，第Ⅰ鳍条细而直；而雄鱼胸鳍上有大量追星，而且雄鱼胸鳍第Ⅰ鳍条肥厚而略有弯曲，呈"S"形。这个特征终生不会消失，可用来在非生殖季节区别雌雄。二是从腹部来鉴别，在生殖季节，雌鱼的腹部明显膨大，而雄鱼的腹部膨大则不明显，成熟的个体，轻压腹部有乳白色精液流出。三是从追星上鉴别，在生殖季节里，成熟的雌鱼除在尾柄部分也出现追星外，其余部分很少见到，而雄鱼头部、胸鳍、尾柄上和体背部均有大量的追星出现。

图 2-7　团头鲂

（3）亲鱼选择　一是年龄和体重的选择。尽管团头鲂初次性成熟时的年龄在 2～3 龄，体重在 0.3 千克以上，但是初次性成熟的亲鱼卵粒小、怀卵量少、质量差，如果大量选择刚刚性成熟的亲鱼来进行繁殖，可能会造成孵化率低，甚至后代的畸形率高。因此，我们在生产上建议选择年龄在 3～4 龄、体重 1 千克以上的团头鲂作为亲鱼。团头鲂每千克体重平均产卵数约为 8 万～10 万粒。二是体形上的选择，用作繁殖的团头鲂亲鱼，应选择背高、尾柄短、体形近似菱形的鱼。三是亲鱼质量的选择，要求亲鱼体质健壮、无病、无伤、无寄生虫感染，体色鲜亮光滑，活动有力。

2. 催情产卵

（1）催情时间　团头鲂的生殖季节稍迟于鲤鱼，比鲢鱼、鳙鱼、草鱼、青鱼等早 10 天左右。一般亲鱼在 4 月上中旬水温开始回升时，尤其是当水温上升到 18～20℃ 以上时，或遇大雨后，有流水进入池塘，增高池塘水位，亲鱼就会在池塘里自然产卵。为了避免团头鲂亲鱼群体产卵不集中的现象，在生产上我们根据亲鱼性腺发育状况，抓住适宜的生产季节，采用人工催情方法，进行繁殖，让其集中产卵，以获得大量鱼苗。因此催情时间宜选择在 4 月上中旬的天气晴好的日子。

（2）催产剂的注射　发育良好的亲鱼，一般是进行一次性注射，所用剂量为：一般 1 千克左右的亲鱼每尾注射鲤脑垂体 6～8 个（约等于干重6～8 毫克）；HCG 1600～2400 国际单位；LRH-A 25～50 微克。雄鱼用量减半。注射时间可在前一天傍晚，保证它们能在第二天的黎明前后产卵。

对于性腺发育较差的亲鱼，或在催产早期，可以采用二次注射的方式。第一次注射可在傍晚进行，剂量为每尾雌鱼 LRH-A 2～3 微克，注射后立即放入催产池，这时可用小型水泵不间断地注入少量微流水，目的是确保产卵池里有充足的溶氧，防止亲鱼缺氧浮头。针距 15 小时左右，再进行第二次注射，剂量为每千克亲鱼 HCG 1600～2400 国际单位＋LRH-A 23～47 微克；雄鱼不注射第一针，仅仅在雌鱼注射第二针时注射 HCG，剂量为每千克雄亲鱼 800～1200 国际单位。

（3）效应时间　注射催产剂后的效应时间与水温有密切关系。水温 24～25℃时，效应时间为 8 小时左右；水温 27℃时，效应时间为 6 小时左右。

（4）鱼巢的准备　在产卵池内布置好鱼巢，鱼巢的选择、消毒、布置方法同前文。由于团头鲂产出的卵为弱黏性卵，因此卵的黏性较差，有时附着不好容易散落在池底。为了能充分收集鱼卵，通常是在池底铺设一层芦席或沉水鱼巢来收集鱼卵。

（5）产卵　亲鱼经注射催产剂后，放入产卵池，同时用微流水刺激，让它们自行产卵。产卵池的管理方法与鲤鱼的繁殖管理是相同的。产卵结束后，捕出亲鱼，将鱼卵洗刷下来，放入孵化桶内孵化。

3. 孵化

（1）池塘孵化　团头鲂卵的池塘孵化方法和鲤鱼一样，一般生产上多直接利用鱼苗培育池，以减少鱼苗转塘的麻烦。池塘的选择、清整及进排水处理等见前文。

池塘孵化时将从产卵池里取出的鱼巢悬挂在池塘水中即可。为了提高孵化率，可采用在孵化池搭设孵化架的方式，然后用绳在水面下 15 厘米左右相互连接形成网状，再把鱼巢解开，一片一片地散开平铺在绳网上，进行孵化。这种方法使鱼巢不致重叠，氧气丰富，水霉菌也不易感染，所以孵化率较高。每亩放附卵 30 万～40 万粒的鱼巢。孵化池塘内最好能保持微流水，水交换量 0.5～0.8 米^3/小时。

不同的水温条件下，孵化时间也略有差异，控制水温在 20～23℃时，经 44 小时孵出；25～27℃时，经 38 小时孵出。由于孵化时间较长，鱼巢及卵上经常会沉附污泥，应经常轻晃清洗，孵化期间要保持水质清洁，透明度较大，含氧量高，肥水和浑浊的水对孵化不利。孵化期间每天早晨要巡塘，发现池中有蛙卵时，应随时捞出。

苗刚孵出时，不要立即将鱼巢取出。这是因为刚刚从受精卵里孵化出来的小鱼苗依然把鱼巢作为它们自己的家，它们没有游泳能力，而是全部附在鱼巢上，用自身卵黄囊的卵黄作营养。出膜后4天左右，鱼苗的卵黄囊基本消失，鱼苗也具有游泳能力且能主动摄食，这时才能将鱼巢取出，取鱼巢时要轻拿轻放，并用手轻轻地在水中抖动鱼巢，让躲藏在鱼巢中的小鱼苗全部游走。由于这种方法孵化率较低，目前生产上较少采用。

（2）脱黏与流水孵化　　流水孵化既保证了鱼卵一直在水中处于漂浮状态，又能保持较稳定的水温和充足的氧气。目前使用的流水孵化设备主要是孵化缸和孵化环道。

由于团头鲂卵是弱黏性，因此很容易地就能将黏附在鱼巢上的鱼卵清洗下来。方法是直接把附有鱼卵的鱼巢在水中搓洗，使鱼卵从鱼巢上脱落下来，直到鱼巢上的卵基本洗净为止。然后将洗落下来的团头鲂鱼卵中的杂物清除，转入孵化器中。

如果是人工授精的鱼卵可直接脱黏后放入孵化桶内孵化，脱黏的方法和使用的脱黏剂同前文的鲤鱼脱黏方法是一样的。

第一种是用泥浆脱黏，方法是选用含沙量少、杂质少的黄泥加水搅成泥浆，经40目网布过滤去杂，按15%～20%的浓度兑水成浆。脱黏时，一人不停地用双手翻动泥浆，另一人将干法人工授精后的鱼卵倒少量放在泥浆中振动几下，将卵散开在水中去黏，等到卵全部散开后，继续搅动泥浆1～2分钟，再将泥浆连同受精卵一起倒入网箱，洗去多余的泥浆，筛出鱼卵，过数后倒入孵化环道或孵化缸中孵化。

第二种方法就是用滑石粉脱黏，方法是用100克滑石粉和20～30克食盐，混合在一起放入10千克水中，仔细搅拌制成滑石粉悬浮液。把干法人工授精的鱼卵徐徐倒入悬浮液中，每10千克滑石粉悬浮液可放卵1～1.5千克，边倒边用手搅动，使卵子充分分散在悬浮液中。需搅15分钟左右，再用水冲洗去多余的悬浮液，然后放入孵化设备中孵化。

第三章

池塘鱼苗、鱼种培育

第一节　鱼苗和夏花的质量

一、鱼苗质量鉴别

不同个体的鱼苗，由于受到受精卵的质量和孵化过程中众多环境条件的影响，导致在孵化后的体质有强有弱。体质强健的鱼苗对环境的适应能力强，在以后的培育过程中生长速度快、成活率高，劣质鱼苗在以后的培育过程中生长速度明显减慢，成活率也低得多。因此我们在后面的苗种培育时一定要学会鉴别鱼苗的优劣。生产上可根据鱼苗的体色、游泳情况以及挣扎能力来鉴别其优劣（表3-1）。

表3-1　家鱼鱼苗质量优劣鉴别表

鉴别方法	优质苗	劣质苗
看体色表观	群体色泽相同,略带微黄色或稍红,没有明显的白色死苗现象,身体清洁,不拖带污泥	群体色泽不一,体色有发黑带灰,俗称"花色苗",有白色死苗现象,鱼体拖带污泥
看游泳情况	在孵化桶或孵化缸等容器内,将水搅动后产生旋涡,鱼苗能在旋涡边缘逆水游动	鱼苗不能在旋涡边缘逆水游动,而是大部分被卷入旋涡
抽样检查	在白瓷盘中吹动水面,鱼苗能顶风逆水游动	在白瓷盘中,口吹水面,鱼苗无顶风逆水游动,而是顺水游动
	倒掉盘中水,鱼苗在盘底强烈挣扎,头尾弯曲成圆圈状	倒掉水后,鱼苗在盘底无力挣扎,头尾仅能扭动
看出塘规格	同塘同种鱼,出塘规格整齐	个体大小不一

在鱼类人工繁殖过程中，容易产生4种劣质鱼苗：杂色苗、"胡子"苗、"困花"苗和畸形苗。杂色苗就是指体色斑杂不一致的鱼苗；"胡子"苗就是指看起来像胡子一样的鱼苗，这种鱼苗身体不清洁，拖带污泥；"困花"苗就是指游泳能力弱、贴在池边不肯游动的鱼苗；畸形苗就是指身体弯曲、眼大头小等畸形的鱼苗。这四种鱼苗基本上都是不可能成活的，因此我们在购买鱼苗时，必须了解每批鱼苗的产卵日期、孵化时间，并按上表的质量鉴别标准严格挑选，严禁购买上述4种劣质鱼苗，为提高鱼苗培育成活率创造良好条件。

二、 夏花质量鉴别

常见养殖鱼类夏花的质量可根据出塘规格大小、体色、鱼类活动情况以及体质强弱等来进行鉴别（表 3-2）。

表 3-2　夏花鱼种质量优劣鉴别

鉴别方法	优质夏花	劣质夏花
看出塘规格	同种鱼出塘规格整齐，大小一致	同种鱼出塘个体大小不一，有时相差很大
看体色	体色鲜艳，有光泽，没有污点	体色暗淡无光，有的变黑，有的变白
看活动情况	行动活泼有力，喜爱集群游动，一旦受惊后就能迅速潜入水底，很少在水面停留，在投喂时抢食能力强	行动迟缓，不爱集群，常见个体在水面漫游，一旦受惊后不能迅速潜入水底，而是慢慢地下潜到水里，过一会儿又会在原来的水面出现，在投喂时抢食能力弱
抽样检查	把夏花鱼种放在白瓷盆中，它会剧烈跳动。从外观看，鱼种身体肥壮，头小，背厚，线条优美。鳞片和各鳍条完整，无异常现象，皮肤也没有寄生虫寄生和鳞片脱落现象	把夏花鱼种放在白瓷盆中，鱼很少跳动。从外观看，鱼种身体瘦弱，背薄像刀背，俗语称"瘪子"。鳞片有脱落或鳍条有残缺现象，皮肤有充血现象或异物附着

第二节　鱼苗的培育

一、 鱼苗的培育措施

所谓鱼苗培育，就是将鱼苗养成夏花鱼种的过程。现在我国许多地方已经建立起一整套培育鱼苗的综合技术，使发塘池鱼苗的成活率明显提高。在亩放 10 万尾鱼苗的密度下，经 20 天左右的培育，夏花的出塘规格可达 3.3 厘以上，成活率达 80% 左右，鱼体肥壮、整齐。

为了提高或达到夏花鱼种培育的 80% 成活率，根据鱼苗的生物学特征，可以通过采取以下几项措施来达到目的：①创造无敌害生物及水质良好的生活环境，确保鱼苗不受天敌的捕食；②适当施肥，保持池塘里数量多、质量好的适口饵料，确保鱼苗从下塘开始一直到培育结束都能有充足的饵料；③加强管理，培育出体质健壮、适合高温运输的夏花鱼种。为此，需要用专门的鱼池进行精心、细致的培育。这种由鱼苗培育至夏花的鱼池在生产上称为"发塘池"。

二、 培育池塘的条件

鱼苗培育池应尽可能符合下列条件：

1. 水源

鱼苗培育池要求水质良好，水源充足，使用没有污染、不含泥沙和有害物质的江河、湖泊、水库和地下水。水源的水量要充沛，要注排方便。交通便利，能及时将苗种运输出去。

2. 面积和水深

培育池面积一般以 1～3 亩为好。初期水深 50～70 厘米，后期水深 1～1.2 米，以便于控制水质和日常管理。

3. 形状和环境

形状最好为东西向的长方形，其长宽比为 5：3，宽 20 米左右。池周不能有高大树木或建筑物，以利于保持鱼苗培育池向阳背风，池内的水温增高快，利于有机物的分解和浮游生物的繁殖，鱼池溶氧可保持较高水平。池内不能生有水草和螺蚌。池埂要坚实不漏水，高度应超过最高水位 0.3～0.5 米（图 3-1）。

4. 土质

以壤土为好，池底要平坦，并向出水口一侧倾斜，池底少淤泥，淤泥厚不能超过 10 厘米，池底无砖瓦石砾，无丛生水草，以便于拉网操作。

三、 鱼苗下塘前的工作

在鱼苗下塘前，要做好以下一系列工作，确保鱼苗的培育能取得

图 3-1   鱼苗培育池

实效：

1. 检查毒性

主要是检查清塘药物的毒性是否完全消失，如果塘水里仍然有残余毒性，就不能放鱼苗，只有确认没有毒性了，才能进行鱼苗的培育。检查方法有两种：①用仪器进行精密测定，这种方法虽然准确，但是费用高，而且对养殖户来说也不实用，例如用生石灰清塘时测定 pH 值下降到 9 以下，说明毒性已消失。②将几十尾即将培育的鱼苗放入网箱中，网箱设置在池塘内，池塘里的水位必须在 50 厘米左右，半天至一天后观察鱼苗活动是否正常，如果鱼苗活动正常说明毒性已经消失，可以大量放养鱼苗；如果发现有鱼苗死亡现象，说明水中还有残余毒性，此时不可放鱼苗，需要继续进行观察，另外还可以同时观察池中有无水蚤。

2. 拉网

用较密的网拉空塘 1～2 次，看有无野杂鱼、蛙卵、水生昆虫等敌害混入，一旦发现要立即灭杀。

3. 检查池水肥瘦程度

如果池水过瘦，就需要及时添施肥料培肥水质；如果池水过肥，可加些新水；如果发现池塘里大型浮游动物繁殖过多，可用 2.5％ 敌百虫杀死，用药剂量为 1～1.5 克/米³，另外可以采取生物法来防止大型浮游动物大量繁殖，每亩可先放 13 厘米左右的健康鳙鱼种 200～300 尾，待鱼苗下塘前再全部捕出。

四、 确保鱼苗在轮虫高峰期下塘

鱼苗最好的开口饵料是天然饵料，尤其轮虫更是它们的最爱。为了确保鱼苗下塘后就能获得量多质好的适口饵料，培肥水质就显得非常重要。实践已经证明，在鱼苗下塘前将池水培养好，为鱼苗提供最佳适口饵料，是提高鱼苗成活率的技术关键。

1. 老池塘的轮虫自然萌发

刚刚下塘鱼苗的最佳适口饵料是轮虫和无节幼体等小型浮游动物，因此我们重点就是要培育它们，尤其是轮虫，不但要培养数量，更重要的是培养质量，确保鱼苗下塘时正是轮虫的萌发高峰期。一般来说，经过多年养鱼的池塘里，都会有一定厚度的淤泥，即使经过清整消毒后，这些剩余的塘泥里仍然储存着大量的轮虫休眠卵。在清塘后放水 20～30 厘米，并用铁耙翻动塘泥，目的是使塘泥中的轮虫休眠卵上浮或重新沉积在塘泥表层，促进轮虫休眠卵的萌发。大约 7 天后池水中轮虫数量明显增加，并出现高峰期，这时就可以放养鱼苗了。表 3-3 为水温 20～25℃时，用生石灰清塘后，鱼苗培育池水中生物的出现顺序。

表 3-3　生石灰清塘后浮游生物变化模式（未放养鱼苗）

项目	清塘				
	1～3 天	4～7 天	7～10 天	10～15 天	15 天后
pH 值	>11	>9～10	9 左右	<9	<9
浮游植物	开始出现	第一个高峰	被轮虫滤食,数量减少	被枝角类滤食,数量减少	第二个高峰
轮虫	零星出现	迅速繁殖	高峰期	显著减少	少
枝角类	无	无	零星出现	高峰期	显著减少
桡足类	无	少量无节幼体	较多无节幼体	较多无节幼体	较多成体

2. 人工引种培育轮虫

由于在自然状态下，清塘后 7～10 天，池塘内的轮虫出现高峰期，从生物学角度看，鱼苗下塘时间应选择在这个时间段。但是在生产上却往往并不是完全根据清塘日期来选择鱼苗适时下塘时间，这个原因主要是单纯依靠池塘天然生产力培养轮虫数量不多，每升仅250～1000个，这些轮虫在鱼苗下塘后2～3天内就会被鱼苗吃完，不能保证以后鱼苗的饵料需求，所以在生产上均采用人工引种培育轮虫的方法来达到目的。具体的技术措施是先清塘，然后根据鱼苗下塘时间提前施有机肥料，人为地制造轮虫高峰期。施有机肥料后，轮虫高峰期的生物量会比天然生物量高15倍左右，每升达8000～10000个以上，从而确保鱼苗下塘后轮虫高峰期可维持7～10天。为了做到鱼苗在轮虫高峰期下塘，关键是掌握施肥的时间，因为不同的肥料施入水体后，池塘里的轮虫出现高峰期是不一样的；另外水温不同，轮虫出现的高峰期也不相同。例如施用腐熟发酵的粪肥，可在鱼苗下塘前5～7天施用，每亩全池泼洒粪肥150～300千克；如果是施用绿肥、堆肥或沤肥，可在鱼苗下塘前10～14天，每亩投放肥料200～400千克。要注意的是，绿肥应堆放在池塘四角，浸没在水中以促使其腐烂，并经常翻动。

3. 及时灭害

在池塘里常常会出现这种情况，在轮虫大量繁殖前，剑水蚤等大型的浮游动物会大量出现，这些大型的浮游动物会在鱼苗刚入池时捕获轮虫作为食物，甚至会伤害鱼苗。为了确保施有机肥料后轮虫大量繁殖，在生产中往往先泼洒0.2～0.5毫克/升的晶体敌百虫杀灭大型浮游动物，然后再施有机肥料。如鱼苗未能按期到达，应在鱼苗下塘前2～3天再用0.2～0.5毫克/升的晶体敌百虫全池泼洒1次，并适量增施一些有机肥料。

五、 鱼苗放养前的处理

1. 缓苗处理

鱼苗运输一般都是通过塑料袋充氧密闭运输，特别是长途运输的鱼苗，由于运输时间长，鱼苗一直待在塑料袋内，结果导致塑料袋和鱼体内都含有较多的二氧化碳，有时会使鱼苗处于暂时麻醉甚至昏迷状态。我们可以通过肉眼来鉴别，如果看见袋内的鱼苗大多集中成团，可能就表示鱼会暂时因二氧化碳过多而昏迷。如果将这种鱼苗直接下塘，毫无疑问，这时鱼苗的成活率极低，这种情况下就要先经过缓苗处理后再入池。具体的技术措施是，将运输来的鱼苗（尤其是长途运输的鱼苗），先放在鱼苗箱中暂养。暂养前，先将鱼苗连同塑料袋一起放入池内，过五分钟后再将袋子转一转方向，经过两三次约二十分钟的处理后，当袋内外水温一致后再打开塑料袋，把袋内的鱼苗放入池内的鱼苗箱中暂养。暂养时，要经常用手或其他器具在箱外划动池水，以增加箱内水的溶氧。一般经 0.5～1.0 小时的暂养，鱼苗血液中过多的二氧化碳均已排出，鱼苗的活力会大增，具体表现为，它们会集群在网箱内逆水游泳（图 3-2）。

图 3-2　缓苗处理

2. 饱食下塘

经过缓苗处理后的鱼苗在下塘后，将会面临适应新环境和尽快获得适口饵料这两大问题。如果我们在下塘前投喂鸭蛋黄水或鸡蛋黄水，保证鱼苗能饱食后再放养下塘，实际上就是保证了仔鱼第一次摄食的安全，其目的是加强鱼苗下塘后的觅食能力和提高鱼苗对不良环境的适应能力。

先将鸭蛋或鸡蛋在沸水中煮 1 小时以上，越老越好，以蛋白起泡者为佳。取蛋黄掰成数小块或者揉成粉末，用双层纱布包裹后，在脸盆内轻轻漂洗出蛋黄水，最后将脸盆内的蛋黄水淋洒于鱼苗箱内。一般 1 个鸭蛋黄或鸡蛋黄可供 10 万尾鱼苗摄食。待鱼苗饱食后，肉眼可见鱼体内有一条白线时，方可下塘。

六、 适时放养

肥水下塘的生物学原理是，浮游生物发育规律和鱼类在个体发育中食性转化规律具有一致性。鱼苗池清塘、注水、施肥后，各种浮游生物的繁殖速度和出现高峰的时间不一样，一般顺序是：浮游植物和原生动物→轮虫和无节幼虫→小型枝角类→大型枝角类→桡足类。鱼苗入池到全长15～20毫米时食性转化规律：轮虫和无节幼虫→小型枝角类→大型枝角类和桡足类。鱼池适时清塘肥水和鱼苗适时下塘就是利用二者的一致性，使鱼苗在各个发育阶段都有丰富适口的天然饵料。因此，鱼苗适时下塘是养好鱼苗的重要技术措施。适时下塘就是在池水中轮虫数量达高峰（每升水10000个，生物量20毫克以上）时，把鱼苗放入池中。下塘过早，轮虫数量尚少，鱼苗入池后吃不饱，生长不好；下塘过晚，轮虫高峰期已过，鱼苗入池后吃不到适口活饵料，而且在轮虫高峰期过后，大量枝角类出现，鱼苗口小，吃不下，也生长不好。总之，鱼苗下塘过早和过晚都不好，必须做到适时下塘。

当鱼苗孵出5天左右，鳔充气而又能正常水平游动时，就可以过数并适时放养下塘。在放养时，应注意以下事项：

① 同一个发花塘应放养同批鱼苗。

② 鱼苗下塘时的水温差不能超过2～3℃。

③ 要检查鱼苗是否能主动摄食，只有具备主动摄食能力的鱼苗才可以下塘。

④ 鱼苗下塘前后，每天用低倍显微镜观察池水中轮虫的种类和数量。

⑤ 在下塘前必须检查池中是否残留敌害生物。

⑥ 鱼苗下塘时，应将盛鱼的容器放在避风处倾斜于水中，让鱼苗自动徐徐游出。

七、 合理密养

合理密养可充分利用池塘，节约饵料、肥料和人力，但密度太大也会影响鱼苗生长和成活。一般鱼苗养至夏花，每亩放养8万～15万尾，鱼苗养到乌子一般每亩15万～30万尾，乌子养成夏花每亩放养量为3万～5万尾。具体的数量随培育池的条件、饵料的质量、鱼苗的种类和饲养技术等有所变动。如池塘条件好、饵料量多质好、排灌水方便、饲料和肥料充足、放养期早、饲养技术水平高和管理水平好的塘，放养密度可偏大一些，否则就要小一些。一般青鱼、草鱼苗密度偏稀，鲢鱼、鳙鱼苗可适当密一些，鲮鱼苗可以更密一些。此外，提早繁殖的鱼苗，为培育大规格鱼种，其发塘密度也应适当稀一些。

八、 科学培育

精养细喂是提高鱼苗成活率的关键技术之一。由于选用饲料、肥料不同，饲养方法不一，具体的饲养方法有以下几种：

1. 豆浆培育鱼苗

这种方法是目前应用比较广泛的一种技术，也是江浙一带传统的鱼苗培育法。放养的鱼苗在下塘后 5～6 小时要及时投喂第一次豆浆。豆浆投喂时要全池泼洒，重点做好"两边四角"的泼洒，在泼洒时力求细而均匀，落水后呈云雾状。投喂次数为每天 2～3 次，两次投喂时，时间安排在上午 8～10 点，下午 2～4 点；三次投喂时，时间安排在上午 8～9 点，中午 1～2 点，傍晚 4～5 点。投喂数量应视池水肥瘦和施肥情况而定，一般每亩每天喂 1.5～2.5 千克黄豆或 2.5～3.5 千克豆饼的浆；10 天后根据水色和鱼的生长情况酌情增加。一般养成一万尾夏花需黄豆 5～8 千克或豆饼 8 千克左右。

先将黄豆浸泡后再磨成豆浆。将黄豆在 25～30℃ 的水中约浸泡 6～7 个小时，如果用池塘里的自然温度的水，可以将黄豆用布袋装好，直接放在池塘里浸泡 24 小时左右。一般 1 千克黄豆可磨 15～18 千克浆，1 千克豆饼可磨 10～12 千克浆。磨浆时要将黄豆和水同时加入，不能磨好后再加水冲稀，否则会产生沉淀。

磨好的豆浆要及时投喂以防变质。饲养青鱼、草鱼的塘，鱼苗下塘 10 天后由于食性和习性的改变常聚集在塘边游泳，此时除喂两次豆浆外，还需在塘边增投豆饼糊一次。

2. 有机肥和豆浆结合培育鱼苗

有机肥料饲养法是在鱼苗池中施用青草、粪肥等有机肥培育天然食料饲养鱼苗，适当投喂人工饲料。各养鱼地区施用的有机肥料不尽相同，广东和广西地区用青草（大草）和少量牛粪；湖南等地用人粪尿；安徽滁州地区用人粪尿、鸡粪；也有的地区用马粪、猪粪、羊粪等。施肥方法通常采用池内堆积法，即把肥料堆积在池塘相对应的两角；粪尿一般堆沤或加水成浆状均匀泼入池中。每2～3天或每天施肥一次，采取勤施、少施的原则。每次每亩施肥100～200千克，依肥料种类和池水肥度、天气灵活掌握。

鱼苗养成夏花鱼种阶段，几种鱼苗全长20毫米以前主要摄食轮虫、枝角类等浮游动物，20毫米以后各种鱼的食性才明显分化。因此，鱼苗饲养前期（10天左右）主要施用有机肥培养轮虫和枝角类等浮游动物，后期（5～10天）因培养鱼苗种类不同应分别考虑其食性，施肥培养浮游植物（养鲢）、浮游动物（养鳙）等。培养草鱼、青鱼苗，后期应投喂人工饲料，因为施肥培养的大型浮游动物不能满足池鱼需要。用有机肥料培养天然食物养鱼苗，池水肥度的控制是关键，但难度较大，前期要求水中浮游动物量在20毫克/升以上（每升水中含轮虫10000个，或枝角类200个以上），而且有一定数量的浮游植物供浮游动物食用和保证、调节水中溶氧量；后期主养鳙鱼、草鱼、青鱼、鲤鱼苗的池水肥度的要求同前期，主养鲢鱼、鲮鱼苗的池水应比前期肥，以浮游植物为主，其生物量应达30毫克/升，并应以隐藻、硅藻、鞭毛绿藻、某些鱼腥藻等易消化种类为优势种群。控制池水肥度和天然食物组成的措施是注水和施肥，关键是掌握浮游生物的发生规律和鱼苗食性转化规律，采用科学方法控制池水肥瘦和食物组成。

目前，各地采用施肥和投喂豆浆相结合的混合饲养法。它的优点是节约精饲料，充分利用施肥培养天然食物，养鱼苗的效果好。在生产上，为了便于操作，我们根据鱼苗在不同发育阶段对饵料的不同要求，可将鱼苗的生长划分为5个阶段，用有机肥和豆浆结合进行强化培育：

（1）肥水阶段　鱼苗下塘前5～7天，每亩施有机肥300～400千克，培养轮虫等天然食物。

（2）轮虫阶段　这一阶段为鱼苗下塘的第一天到第五天。由于这一阶段鱼苗主要以轮虫为食，所以泼洒豆浆的主要目的是维持池内轮虫数量，如果轮虫数量不足10000个/升，鱼苗下塘当天就应泼豆浆，每天每亩投喂豆浆2～3千克。豆浆要均匀泼洒，采用"三边二满塘"的投饲法，即上午（8～9点）和下午（2～3点）满塘洒，四边也洒，中午再沿边洒一次。豆浆一部分供鱼苗自行摄食，另一部分则用于培肥水质，另外每3天每亩施有机肥150～200千克，主要是培养浮游动物。培育要求是到第五天后，鱼苗全长从 7~9 毫米生长至 10~11 毫米。

（3）水蚤阶段　这一阶段为鱼苗下塘后第六天到第十天。由于在这一阶段鱼苗主要以水蚤等枝角类为食，所以泼洒豆浆的主要目的是培育并维持池内水蚤等枝角类的数量，因此就需要施用有机肥来达到目的。选择晴天上午，最好是第六天或第七天追施 1 次腐熟粪肥，每亩 100~150 千克，全池泼洒，以培养大型浮游动物。

在施有机肥的同时，还需要继续泼洒豆浆，每天上午 8:00~9:00 和下午 1:00~2:00 各泼洒豆浆 1 次，每次每亩豆浆数量可增加到 30~40 千克。培育要求是到第十天后，鱼苗全长从 10~11 毫米长至 16~18 毫米。

（4）精料阶段　这一阶段为鱼苗下塘后的第十一天到第十五天。这一阶段池塘里的大型浮游动物已被鱼苗捕食得差不多了，不能满足鱼苗继续生长发育的需要，另外部分鱼苗的食性已发生明显转化，开始在池边浅水寻食。尤其是饲养青鱼、草鱼的塘，鱼苗下塘 10 天后由于食性和习性的改变常聚集在塘边游泳，这时需要改投豆饼糊或磨细的酒糟等精饲料，每天每亩合干豆饼 1.5~2.0 千克。投喂时，应将精料堆放在离水面 20~30厘米的浅滩处供鱼苗摄食。也可以用密网布或筛绢制作饵料台，规格为60 厘米×60 厘米，将豆饼糊放在饵料台上，每亩水面可设六七个饵料台。培育要求是到第十五天后，鱼苗全长从 16~18 毫米长至 26~28 毫米。

（5）锻炼阶段　也就是鱼苗下塘的第十六天到第二十天。经过二十天左右的精心喂养和培育，鱼苗全长从 26~28 毫米长至 31~34 毫米，这时鱼苗已达到夏花鱼种规格，需要及时出售或分塘。为了提高夏花鱼种的成活率和对适应高温季节出塘分养的需要，这时需要拉网锻炼。

用上述饲养方法，每养成 1 万尾夏花鱼种通常需黄豆 3~6 千克、豆饼 2.5~3.0 千克、有机肥 10 千克左右。

3. 大草培育鱼苗

饲养鱼苗的大草，并不是鱼类的直接饵料，而是将豆科或菊科等大草投入池中腐烂分解沤肥水质，培育浮游生物供鱼苗食用。凡是无毒、无刺激的新鲜嫩草和茎叶，均可用来进行大草养鱼，一些外被较薄、草汁饱满、质地柔嫩、容易腐烂的陆生植物如艾、蒿草等，也是常用的大草。广东、广西多采用此法饲养鱼苗。

具体操作为：鱼苗下塘前7～10天，每亩投放大草200～400千克，分别堆放于池边浸没于水中，腐烂后培养浮游生物。在鱼苗下塘后，每隔3～5天增补一些大草，每亩每次用量为150～200千克，分堆于池角浅水处，并在草上撒少量生石灰，加速其发酵分解。放草料时务必使草堆全部浸在水内，以免被风吹散。如果天气晴朗暖和，四天左右草堆开始腐烂，一星期池内水色达高峰，呈褐色偏黑。大草通过腐烂，纤维组织内所含大量的草汁被分解成营养物质于水中，浮游生物很快大量繁殖起来。鱼苗下池至育成夏花，整个培育阶段共堆大草4～5次，养1亩夏花需大草650～800千克。

饲养鲢鱼、鳙鱼苗，池水要肥，以油青色为好，养青鱼、草鱼苗池水肥度应稍淡一些，施大草量较鲢鱼、鳙鱼池少一些。

大草养鱼应注意以下几点事项：

① 草要新鲜，随用随割，割回来及时堆入池中。每次加草的时间间隔长短及加草的数量，要根据水色浓度和天气情况而灵活增减。

② 在调换新堆时，老草堆必须全部烂完，残渣可在水中洗一洗再捞起。

③ 草堆一定要全部浸在水中，如果露出水面，风吹日晒会降低效果。

④ 草堆压得严实一点，可使草堆内的热量不致扩散，有利于加速草堆的腐烂。

⑤ 用大草培育鱼苗的池塘，浮游生物量较丰富，但水质不够稳定，容易造成水中溶氧条件较差，因此要做好池塘增氧工作和巡视工作，一旦发现鱼苗有浮头现象要立即处理。

⑥ 如发现鱼苗生长缓慢，可增投精饲料，可将花生饼加水磨细成糊状投喂，每天每亩投喂干花生饼1.5～2.0千克，应将精料堆放在离水面20～30厘米的浅滩处供鱼苗摄食。也可以用密网布或筛绢制作饵料台，规格为60厘米×60厘米，将花生饼糊放在饵料台上，每亩水面可设五个饵料台。

4. 草浆培育鱼苗

利用水花生、水浮莲、水葫芦等高产水生植物，打成草浆饲养鱼苗。投喂方法是每日两次全池泼洒，一次是上午9:00～10:00，另一次是下午2:00～3:00，每亩每天投草浆50～70千克，具体数量视水色而定。鱼苗除了直接摄食草浆中的适口颗粒外，其余的大量草浆并没有被鱼苗所摄食，它们会在水中迅速分解起施肥作用。

利用草浆饲养鱼苗得注意四点：①草浆要打得细、打得匀，这是提高草浆利用率的关键措施之一；②由于水花生中含有皂苷，味苦，鱼苗会不吃，因此必须在投喂前及时除去，方法是在打草浆时加 2%～5% 食盐，放置数小时后再投喂；③在投喂时要做到"少量多次"和均匀泼洒；④如发现鱼苗生长缓慢，可增投精饲料，可将花生饼加水磨细成糊状投喂，每天每亩投喂干花生饼 1.5～2.0 千克，具体投喂方法同前文。

5. 粪肥培育鱼苗

粪肥培育鱼苗就是将粪肥施入池中，培育天然饲料养鱼苗。凡动物粪便经充分腐熟发酵后，均可养鱼苗。常用的大粪有人粪尿、畜粪、禽粪等，使用时将粪肥稀释成粪液，滤去粪渣，全池泼洒即可。也可在鱼苗下塘前一周，先施基肥把水培肥，方法是将粪便堆于池塘一角，任其自然扩散，亩施基肥量为 400～500 千克。鱼苗下塘后，根据池水肥度、天气、水温和鱼苗生长情况决定施肥量，一般每日每亩用量为人粪尿 40～50 千克或牛粪 75 千克，用时也要滤去粪渣，加水稀释，全池泼洒。

池水肥度是否得当，可根据鱼苗浮头情况来判断。当鱼苗下塘后 3～4 天，清晨鱼苗浮头，日出后即恢复正常，说明肥度适中；如太阳升起后至八点钟仍然浮头，说明池水过肥，应停止或减少施肥量；如不浮头而水色清淡应增加施肥量。

6. 混合堆肥培育鱼苗

混合堆肥的原料，根据因地制宜、就地取材的原则，多采用来源广的青草和动物粪便，将青草和粪一层层地堆入发酵池内（池窖不可有渗漏），即一层草一层粪，顺次堆叠，每层草和粪之间洒上一层石灰浆，生石灰的数量为堆肥总量的 1%～15%，堆完后注水入池，至全窖堆肥浸在水中为止，最后用黄泥巴密封。

使用时，打开封土，取出浸液稀释后全池遍洒，鱼苗下塘前 3～4 天，每亩用堆肥液汁 75～100 千克作基肥；鱼苗下塘后，每亩每天投施堆肥液汁 50 千克左右，具体投肥量还要根据池水浓度和天气情况酌情增减。

7. 无机肥料培育鱼苗

无机肥料饲养鱼苗的优点是省力、经济、速效、肥分含量高、操作方便、不会污染水质、水中溶氧高、病虫害少，同时化学肥料可直接被浮游植物吸收利用，促进浮游生物的生长，增加水体天然饵料，同时又可及时调节水体的酸碱度（pH 值）；其缺点是营养成分单纯、肥效不稳定、培养浮游生物效果不及有机肥料。

鱼池施用无机肥料培养浮游生物，其中浮游动物出现的时间比施用有机肥料时晚一些。因为无机肥料只能被浮游植物吸收利用，不能被细菌和浮游动物直接吸收利用，所以池中首先大量出现浮游植物，然后才出现浮游动物。施用有机肥料，细菌和浮游动物能够直接利用一部分有机物质而很快地繁殖起来；单施无机肥料，浮游植物特别是蓝藻大量繁殖时，对饲养鱼苗是不利的，因为在鱼苗养成夏花阶段，除鲢鱼在后期摄食部分浮游植物外，其他几种鱼都是以浮游动物为食物。所以最好是无机肥料和有机肥料混合使用。

如果单施无机肥料培育鱼苗，一般以硫酸铵、碳酸氢铵、氨水、尿素等氮肥为主，过磷酸钙为辅，氮、磷肥混合施用为宜。

池塘水的透明度在 30 厘米以上时，鱼苗下塘前 3～5 天，水深 70 厘米左右的池塘，每亩施尿素 1.5～2 千克或碳酸氢铵 5～7.5 千克，过磷酸钙 5 千克，化水稀释后全池泼洒，培肥水质，做到肥水下塘。鱼苗下塘后根据水质、天气、鱼苗的生长状况决定施追肥的次数和数量。原则上应做到少量勤追，一般 3～4 天施追肥一次，每亩平均施尿素 250～500 克，或碳酸氢铵 1.5～2.5 千克，并施适量的磷肥（1～1.5 千克）。追肥时应将化肥经水溶解后再全池泼洒，以免鱼苗把化肥颗粒误作饵料吞食，引起危害。

施用铵态氮肥时应注意施肥量与池水 pH 值的关系。pH 值低于 8.0 时，氨氮（铵态氮转化而来）对鱼苗的致死浓度较高，一般不会因施化肥而造成死鱼的现象；但是，如果池塘浮游植物繁盛，中午和下午光合作用强度大，池水 pH 值高达 9.5 以上，氨氮对鱼苗的半致死浓度大大降低（0.17～1.1 毫克/升），这时施化肥应注意浓度不应超过 1 毫克/升。施肥应在上午进行，因为上午池水 pH 值较低，施化肥的浓度大一些不会引起死鱼现象，同时肥料入池后当天能够被浮游植物吸收利用。

不论采用哪一种方法，要提高鱼苗饲养成活率，都要做到肥水下塘，即在鱼苗下塘前 3～5 天施肥，培育浮游生物。

九、 拉网锻炼

1. 拉网锻炼的目的

鱼苗下塘后经过 20～25 天的饲养，一般可长到 3 厘米左右，体重增加几十倍乃至一百多倍，这就要求有更大的活动范围。这时各种鱼的食性已开始分化，且随着鱼体的增长，原有密度越来越大，鱼池的水质和营养条件已不能满足鱼种生长的要求，因此必须分塘稀养。更重要的是，作为鱼苗培育单位，不可能把自己培育的夏花鱼种全部用于自己培育冬片或养殖成鱼，因此有相当多的鱼种还要运输到外单位甚至长途运输。但此时正值夏季，水温高，鱼种新陈代谢快、活动剧烈，而夏花鱼种体质又十分嫩弱，对缺氧等不良环境的适应能力差。为了增强夏花的体质，同时也是让它们适应长途运输，有必要在夏花鱼种出塘分养前进行 2～3 次拉网锻炼。

2. 拉网锻炼的作用

对夏花鱼种进行拉网锻炼是相当有作用的，其主要作用体现在以下几点：①使夏花鱼种体质更健壮，在锻炼时，需要将夏花集中在一起，经密集锻炼后，可促使鱼体组织中的水分含量下降，肌肉变得结实、体质更健壮，对分塘操作和运输途中的颠簸有较强的适应能力；②增强夏花鱼种对低溶氧的适应能力，使鱼种在密集过程中，通过密集几分钟的锻炼来增加鱼体对缺氧的适应能力；③有助于运输，在锻炼过程中，可以促使鱼体分泌大量黏液和排出肠道内的粪便，减少运输途中鱼体黏液和粪便的排出量，从而有利于保持较好的运输水质，提高运输成活率；④有利于数量的统计，拉网锻炼也是统计收获夏花的数量的最好时机，可以大致了解池塘里的鱼种数量；⑤通过拉网锻炼，可以剔除一些敌害生物。

3. 拉网锻炼的方法

拉网锻炼的工具、网具主要有夏花被条网（俗称篦网）、专用锻炼网箱、鱼筛等。这些工具、网具的好坏直接关系到鱼苗成活率和劳动生产率的高低，也体现了养鱼的技术水平。

夏花在分塘前需经过2～3次拉网锻炼。当鱼苗池的稚鱼处于锻炼阶段时，选择晴天，在上午9:00左右拉网。第一次拉网又叫"开网"，用专用的夏花被条网（一种密眼网）把夏花捕起，只需将夏花鱼种围集在网中，观察一下鱼的数量和生长情况，检查鱼的体质，并提起网衣使鱼在半离水状态挤压10～20秒钟后随即放回池内。

隔1天进行第二次拉网，第二次拉网是将夏花围集后移入网箱内，俗称"上箱"。第二次拉网应尽可能将池内鱼种捕尽，因此，拉网后应再重复拉一网，将剩余鱼种也放入网箱内锻炼。为防止鱼浮头，要将网箱徐徐推动并向箱内划水。放箱时间的长短，应根据鱼的体质和活动情况而定，发现鱼种浮头要立即下塘。如不需长途运输或鱼的体质很好，第二网即可分塘。

如要长途运输需隔一天再进行第三次拉网锻炼，操作同第二次拉网。

第三节 鱼种的培育

一、 鱼种培育的重要性

在养殖中，为什么必须培养1龄大规格鱼种呢？鱼种培育的目的是提高鱼种的成活率和培养大规格鱼种。因为同样的1龄鱼种，规格大的鱼种与小规格鱼种相比，它们的食谱范围、对疾病的抵抗能力和对不良环境的适应能力以及逃避敌害生物的能力均有不同程度的增大和增强。

在生产上大规格1龄鱼种有以下优点：

① 大规格鱼种生长速度快，一般养殖情况下，放养大规格鱼种后，经过一至两年的养殖就可以快速上市，这样可缩短养殖周期，加速资金周转，提高经济效益。

② 可以节省2龄鱼种池，为扩大成鱼池面积创造条件。

③ 自己培育的鱼种成活率高，不但能满足自己养殖成鱼的需求，为鱼种自给提供了可靠保证，还能为其他养殖户提供大规格鱼种。

轻轻松松池塘养淡水鱼

由此可见，大规格鱼种体质健壮、成活率高、生长快，这就为池塘养鱼高产、优质、低耗、高效打下了良好的基础。

二、 鱼池条件

鱼种池条件与鱼苗池的要求相似，只是面积稍大些，一般面积以 2～5 亩为宜，深度稍深些，水深以 1.5～2.0 米为宜。具体的整塘、清塘方法同鱼苗培育池。

三、 施基肥

夏花阶段尽管鱼种的食性已开始分化，但是它们都很喜欢摄食浮游动物，而且吃这些天然饵料，鱼种生长更加迅速。因此，鱼种池在夏花下塘前应施有机肥料以培养浮游生物，这是提高鱼种成活率的重要措施。一般每亩施 200～400 千克粪肥。由于鲢鱼、鳙鱼是肥水鱼，主要是以水体中的浮游生物为饵料，因此以鲢鱼、鳙鱼为主体鱼的池塘，基肥应适当多一些，鱼种应控制在轮虫高峰期下塘；以青鱼、草鱼、团头鲂、鲤鱼为主体鱼的池塘，应控制在枝角类（水蚤）高峰期下塘。此外，以草鱼、团头鲂为主体鱼的池塘还应在原池培养芜萍或小浮萍，作为鱼种的适口饵料。

四、 夏花放养

1. 放养时间

从鱼苗培育成夏花时，时间基本上已经到六七月份了，因此从夏花培育一年鱼种的放养时间宜选择在 6～7 月份，力争早放。俗话说"青鱼不脱至（夏至），草鱼不脱暑（小暑），鲢、鳙不脱伏（中伏），宜早不宜迟"，说的就是这个道理。

2. 鱼种搭配

鱼种阶段由于各种鱼的活动水层、食性、生活习性已有明显差异，不同的鱼生活在不同的水层，摄食不同的食物，因此可以通过混养来达到充分利用池塘水体空间和天然饵料资源的目的，发挥池塘的最大生产潜力。但也存在一个缺点，虽然不同的鱼它们的食性已经开始转化，可以自行捕食池塘里的天然饵料，但是它们都很喜食投喂的人工饵料，这就容易造成争食现象，也难以掌握养成鱼种的规格。

当然，单养一种鱼种显然也是非常不利的。如果单养草鱼或青鱼，由于它们不会吃食水体中的浮游生物，会慢慢导致池水过肥，这对喜清新水的草鱼、青鱼生长不利。如果单养鲢鱼、鳙鱼，那么水体中的底栖生物无法被利用。因此在生产上都将几种鱼适当搭配，做到主次分明、大小有别，这样就可以做到彼此互利，提高池塘利用率和鱼种成活率。最近几年，为了满足成鱼放养的需要，一些养鱼高产单位在鱼种生产过程中也采用类似成鱼池多种鱼类搭配混养的放养方式，以达到种类全、产量高的目的。

在鱼种搭配混养时，要注意两点：①凡是与主养鱼在食饵竞争中有矛盾的鱼种一概不混养；②采取主体鱼提前下塘，配养鱼推迟放养的技术措施，尤其是以青鱼、草鱼为主的池塘，青鱼、草鱼先下塘，依靠它们的残饵、粪便培育水质，20～25天后再放配养的鲢、鳙、鲤、鳊等。

现将目前生产上鱼种搭配混养比例比较成熟的方案汇集如下，以供参考。

主养草鱼：主次鱼的比例为草鱼50%、鲢鱼30%、鲤鱼10%、鲫鱼10%。

主养青鱼：主次鱼的比例为青鱼70%、鳙鱼25%、鲫鱼5%。

主养鲢鱼：主次鱼的比例为鲢鱼65%、草鱼20%、鳙鱼5%、鲤鱼10%。

主养鳙鱼：主次鱼的比例为鳙鱼65%、草鱼20%、鲤鱼10%、鳊鱼5%。

主养鲤鱼：主次鱼的比例为鲤鱼70%、草鱼10%、鲢鱼20%。

主养鳊鱼：主次鱼的比例为鳊鱼70%、鲢鱼20%、鲤鱼10%。

3. 夏花放养密度

在培育鱼种时，夏花放养的密度并不是随意的，而是依据食用鱼水体所要求的放养规格和放养计划来制订夏花鱼种的放养收获计划。总体要求，鱼种出塘规格大小主要根据主体鱼和配养鱼的放养密度、鱼的种类、池塘条件、饵料与肥料供应情况和饲养管理水平而定。同样的出塘规格，鲢鱼、鳙鱼的放养量可较草鱼、青鱼多些，鲢鱼可比鳙鱼多一些。一般在生产上多采用草鱼、鲢鱼、鲤鱼（或鲫鱼）混养或青鱼、鳙鱼、鲫鱼（或鲤鱼）混养，效果较好。

如果养殖户的池塘条件好，饵料和肥料充足而且养鱼技术水平高，配套设备较好，那么就可以增加放养量；反之，则减少放养量。本书在这里汇集了江浙渔区夏花放养数量与出塘规格，并列于表3-4中供参考。

表3-4　江浙渔区夏花放养数量与出塘规格表

主体鱼			配养鱼			放养总数/（尾/亩）
种类	放养量/（尾/亩）	出塘规格	种类	放养量/（尾/亩）	出塘规格	
草鱼	2000	70～100 克	鲢鱼	1000	100～125 克	4000
			鲤鱼	1000	20～22 克	
	5000	10～13 厘米	鲢鱼	2000	50 克以上	8000
			鲤鱼	1000	12～15 克	
	8000	12～13 厘米	鲢鱼	3000	15～17 厘米	11000
	10000	8～10 厘米	鲢鱼	5000	12～13 厘米	15000
青鱼	3000	75～100 克	鳙鱼	2500	13～15 厘米	5500
	6000	13～15 厘米	鳙鱼	800	125～150 克	6800
	10000	10～12 厘米	鳙鱼	4000	12～13 厘米	14000
鲢鱼	5000	13～15 厘米	草鱼	1500	50～100 克	7000
			鳙鱼	500	15～17 厘米	
	10000	12～13 厘米	团头鲂	2000	10～12 厘米	12000
	15000	10～12 厘米	草鱼	5000	75 克左右	20000
鳙鱼	4000	13～15 厘米	草鱼	2000	50～100 克	6000
	8000	12～13 厘米	草鱼	2000	13～15 厘米	10000
	12000	10～12 厘米	草鱼	2000	10～12 厘米	14000
鲤鱼	5000	20～25 克	鳙鱼	4000	12～13 厘米	10000
			草鱼	1000	50～100 克	
团头鲂	5000	12～13 厘米	鲢鱼	4000	12～13 厘米	9000
	8000	10～12 厘米	鳙鱼	1000	13～15 厘米	9000
	10000	10 厘米	鳙鱼	1000	500 克	11000
	25000	7 厘米	鳙鱼	100	500 克	25100

五、 鱼种饲养方法

鱼种在饲养过程中，由于各养殖户采用的饲料、肥料不同，形成了不同的饲养方法。从全国各地来看，目前鱼种饲养方法主要分为以下 3 种：①以天然饵料为主、精饲料为辅的饲养方法；②以颗粒饵料为主的饲养方法；③以施肥为主的饲养方法。

（一）以天然饵料为主、精饲料为辅的饲养方法

1. 饵料的准备

天然饵料除了池塘里培育的浮游动物外，还包括其他来源的动物、植物等饵料，这些饲料是天然散落在各水体中的。例如投喂草鱼的天然饵料主要有芜萍、小浮萍、紫背浮萍、苦草、轮叶黑藻等水生植物及幼嫩的禾本科植物；投喂青鱼的天然饵料主要有粉碎的螺蛳、蚬子、贝以及蚕蛹等动物性饲料。精饲料主要有饼粕、米糠、豆渣、酒糟、麦类、玉米等。

2. 饲养原则

1龄鱼种生长速度快、抢食凶猛，已经完全具备成鱼的特性，由幼鱼的食性逐渐转为成鱼的食性，食谱范围由狭逐步转宽，对饲料的要求高，从而导致群体间容易因吃食不均匀而造成个体生长差异。在这一阶段，在饲养过程中应坚持"以适口天然饵料为主、精饲料为辅，促长、促均匀"的原则。

3. 培养技巧

根据1龄鱼的生长发育规律以及季节和饲养特点，采用相应得当的管理方法，务求鱼种吃足、吃好、吃匀。这里以培育草鱼1龄鱼种为例来说明1龄鱼种的饲养方法。

夏花下池后一个星期内是决定鱼种成活率的关键期。每天早、中、晚各巡塘数次，做好相关记录，发现异常情况及时请教技术人员进行处理。如果夏花损伤过大，要及时补花。

夏花草鱼下池后不必控制吃食量，应做到吃完就投，要求在配养鱼下池前草鱼达10厘米以上，且规格均匀。

由于1龄草鱼种以食草为主，所以在夏花下池初期可以吃枝角类和浮萍，在浮萍吃完前2～3天，让鱼种转食切细的嫩旱草（如黑麦草、苏丹草或者青草）或轮叶黑藻。特别要注意高温闷热、有雷阵雨时，鱼种极易浮头，食欲减退，要适当控制投饲量和投饲次数。高温季节一过，水温降至30℃以下最适水温范围时，应抓紧时间喂足、喂好饵料，以保证后期鱼种继续快速生长。一般全年每亩精料投喂量在800～1000千克，青饲料的投喂量为1500～2000千克（表3-5）。

表 3-5　1 龄草鱼投饲参考表

规格	适口饲料	季节	投喂时间	每万尾日投量/千克	要求
3 厘米左右	瓢莎	夏至前后	15～20 天	20～40	投足,当日吃净。不吃夜食,根据天气情况,限制 5～6 小时吃净。冬至并塘
7 厘米以上	小浮萍、轮叶黑藻	小暑以后	15～20 天	60～100	
8 厘米以上	紫背浮萍	大暑以后	15～20 天	100～150	
10 厘米以上	苦草、陆生嫩草	立秋以后	40～50 天	150～200	
13 厘米以上	苦草、精饲料	秋分以后	80～90 天	75～150	

　　草鱼喜欢清新水质,因此在夏花下池后 20 天内,每隔 2 天应补注一次新水,每次 10 厘米深;20 天后除经常补充新水外,还应排放掉部分老水,池水的透明度可维持在 35 厘米左右,以促进草鱼的食欲,9 月下旬以后逐渐减少冲水次数。

(二) 以颗粒饵料为主的饲养方法

　　随着我国饲料工业以及鱼类营养学科的发展,以颗粒饵料为主的饲养鱼种方法已在全国逐步开展。现以鲫鱼为例,介绍专池培养大规格鱼种的主要技术关键。

1. 饲料的选择

　　夏花长至 7 克左右宜选择颗粒破碎料投喂,长至 20 克之后选择品牌饲料投喂。

2. 饲料的投喂

　　在鱼苗下池三天后开始投喂饲料,投喂要按"四定"原则。这"四定"就是投喂饲料要求定时、定位、定质、定量,使投饵更加科学化、具体化,以提高投饵效果,降低饵料系数。

　　(1) 定时　就是每天投喂的时间应相对稳定,一般每天两次,即每天上午 8～10 点、下午 2～4 点各投喂一次。在水质条件良好、鱼种密度较大的情况下,可以考虑增加每天投饵次数,延长每次投饵时间。如遇天气闷热和雷暴雨时应推迟或停喂,早上浮头需待正常后 1～2 小时再投喂。

　　(2) 定量　就是投喂的饲料要适量,避免过多过少或忽多忽少,根据不同水温、不同规格、不同季节、不同天气和不同鱼体重量,及时调整投饵量,每次投完料后 2 小时必须查料,在 8、9、10 三个月保持鱼的八成饱即可,喂得太饱容易导致发病,同时造成饲料浪费。发病季节、天气闷热、气压低或雷雨前后投饵量要减少或停喂。每天下午 4～5 点检查吃食情况，如投喂的饲料全部吃完，第二天可适当增加或保持原投饵量，如吃不完第二天要减少（表3-6）。

表3-6　各月份饵料投放比例表　　　　　单位：%

月份	6月	7月	8月	9月	10月	11月	12月	第二年1～3月	合计
比例	4	15	23	25	17	10	4	2	100

（3）定位　就是要改变夏花培育时的投饵方式，将"两边三满塘"的投饵方式改变为定点投喂，每个池都应在安静向阳处设置专用的食台，每亩可设十个左右，每个食台半平方米即可，食台离岸一米，位于水下30～40厘米。也可以训练鲫鱼上浮集中吃食。

（4）定质　就是投喂的颗粒饵料质量要过关，投以高质量的配合饲料，各营养配比要合理，不投腐败变质的饲料，以免引起鱼病。同时根据鱼类生长特点，配备适口的颗粒饵料，要能满足1龄鱼种培育的生长要求。

3. 加强水质管理

水质要做到"肥、活、嫩、爽"，前期每个星期加20厘米水，直至加满。在高温季节要勤换水，每半月换一次，每次换水量是池内水体的三分之一，换水后要进行水体消毒。在整个养殖期内水的透明度保持20～30厘米；保证水体光合作用，达到高溶氧性。有条件的备一个水博士测试计和一台增氧机。

4. 注意鱼种浮头

由于是高密度培育鱼种，池塘内的鲫鱼非常多，因此要特别注意防止鱼种浮头现象的发生。特别是9、10月份，每天清晨2点后密切注意池塘情况，如果发现有浮头情况，立即开增氧机直到天亮，在阳光充足的情况下，中午开增氧机1～2小时即可。保持水的高溶氧性，能降低饲料系数。

5. 加强对鱼种疾病的预防

从夏花下池塘开始，以后每半个月定期内服和外用药各一次。每隔10天打捞5～10尾鱼送到鱼病检测处，检查鱼是否健康，如果发现鱼病，及时治疗。

（三）以施肥为主的饲养方法

该法以施肥为主适当辅以精饲料。饵肥要因鱼制宜，做到"足、匀、好"。该法通常适用于以饲养草鱼、鲢鱼、鳙鱼为主的池塘。施肥饲养1龄鱼种的技术措施主要有：

1. 以草鱼为主的池塘

以投喂适口新鲜的青饲料为主、精料为辅的原则，既有利于草鱼的生长，提高其成活率，又可培肥水质，为搭配的鱼种提供饵料来源，渔谚"一草带三鲢"就是这个道理。

若混有鲢鱼、鳙鱼或鲮鱼等，必须定期施放肥料，施肥方法和数量应掌握"少量勤施"的原则，以培养天然活饵料供它们食用，由于夏花放养后正值天气转热的季节，施肥时应特别注意水质的变化，不可施肥过多，以免遇天气变化而发生鱼池严重缺氧，造成死鱼事故。肥料每10～15天施放一次，采用无机肥和有机肥混合施用的原则，每亩池塘施绿肥100～150千克、腐熟粪肥100千克、尿素1千克。养成1龄鱼种，每亩共需粪肥1500～1750千克，或每亩养猪1～5头。精饲料为各种鱼的共同饵料，自放养后每天投一次，每次每万尾1.5千克，以后增加到每万尾2～2.5千克。每万尾鱼种需用精饲料75千克左右，精饲料的投喂时间应在青饲料投放之后，投喂要均匀，以让草鱼先吃饱，少与其他鱼争食，从而保证鲢鱼、鳙鱼的生长。

2. 以青鱼为主的池塘

夏花放养后用少量豆饼浆等精饲料引诱青鱼到食场吃食，引上食场后每天投喂豆饼浆两次，搭养的其他鱼类投喂方法与以草鱼为主的池塘相似（表3-7）。

表3-7　1龄青鱼投喂饲料参考表

规格	适口饲料	季节	投喂时间/天	每万尾投量/千克	要求
3厘米	豆饼浆	夏至前后	15～20	干饼2～4	
5厘米	茶饼	小暑以后	50～60	干菜饼2.5～5	一星期内引上食台，浸泡的豆
10厘米	轧碎的螺蚬	白露以后	30～40	鲜螺蚬30～120	饼要泡透，当天吃净
50克以上	浸泡的豆饼	寒露以后	60～70	干饼1.5～3	

3. 以鲢鱼、鳙鱼为主的池塘

鲢鱼、鳙鱼种仍以浮游生物为主要食料，要求池水肥、浮游生物数量多，在放养夏花前，每亩施有机肥 300～400 千克培肥水质，夏花入池后，每 5～7 天施追肥一次，每亩施绿肥 100～150 千克、腐熟粪肥 100 千克、尿素 0.8 千克，全池泼洒，同时投喂精料。

如果鱼种需要越冬，在越冬前将池塘清整消毒，每亩投放大草 200～250 千克、腐熟粪肥 150 千克，以保证水中的温度不致下降过快及提供部分饵料供应。

除了施肥培养浮游生物外，每天还需投精料一次，开始投喂为每次每万尾 1 千克豆饼糊，以后逐步增加到每万尾 1.5 千克。以鳙鱼为主的塘投喂量比鲢鱼塘要多，搭养的草鱼每天要在精饲料投喂之前投喂青饲料。

4. 以鲤鱼、团头鲂为主的池塘

以饲养鲤鱼为主的池塘，在夏花开始下塘后，每天投喂一次豆渣或其他精料，投量为每万尾 1 千克，投放在池边浅水处，以后随鱼体逐渐长大增加投饲量，同时通过施肥培育水体来达到培育池塘里的螺蛳、蚬贝等目的。饲养团头鲂的池塘开始时投些豆饼浆，每天一次，每万尾约用豆饼浆 0.5 千克，以后改投瓢莎、浮萍等，并适当施肥增加天然饵料。

5. 池塘种水稻或稗草饲养鱼种

湖北省蕲春县等地利用鱼种池放养前的空闲期种植水稻、稗草等高产作物，作为鱼种饲养期间的优质绿肥，培育鱼种效果良好。方法是在 5 月初将鱼种池池水排干，清除杂草，翻耕平整池底，然后播种早熟品种的稻种每亩 6 千克，或稗草种每亩 5 千克，植株生长至抽穗后，穗稍变黄时，池塘注水 1.5 米，淹没水稻或稗草，3 天后池水变肥，即可放养夏花。植株在水中腐烂分解，培养大量浮游生物等天然食料供鱼类摄食，植物的有机碎屑也可作鱼种的直接食料。

用池塘种植水稻、稗草，每亩产绿色植物量可高达 5000 千克以上，一般也可达 3000～3500 千克，而且主要利用池塘本身的淤泥作为作物的肥料，充分发掘了池塘的生产潜力，节约了饲料、肥料，这种饲养方式实际上就是大草饲养鱼种法。蕲春县 7 月中旬放养夏花，10 月底鱼种出塘，一般不需人工投喂饲料，仅在饲养后期池水变瘦时施加少量肥料以提高池水肥沃度。

6. 草浆饲养鱼种

利用水浮莲、喜旱莲子草（水花生）、凤眼莲（水葫芦）等高产水生植物粉碎成草浆饲养鱼种，对鲢鱼、鳙鱼有比较好的效果，草浆可代替大部分精饲料，对草鱼、鲤鱼也有一定的效果。草浆投喂方法与草浆饲养鱼苗相同，但后期要辅助投喂些精饲料。

（1）饲养依据及技术关键　草浆中叶肉细胞的大小（长 23～101 微米，宽 15～36 微米）与某些浮游动物和浮游植物相似，鱼种可直接吞食一部分作为饵料，轮虫等浮游动物也能食用一部分，未被鱼类和浮游动物利用的草浆颗粒及浆汁，在细菌的作用下分解成无机营养盐供浮游植物吸收利用。因此草浆饲养鱼种具有喂鱼和施肥的双重作用。技术关键是磨细，水花生需加食盐去掉皂苷，采用"少量多次"和"均匀泼洒"的方法。

（2）草浆制作和投饲方法　用打浆机将高等水生植物如凤眼莲、水浮莲、水花生等磨成细草浆，水花生需加 2%～5%（占草重）食盐放置数小时以降低皂苷的含量，使鱼能正常摄食。投饲方法是每日上、下午各一次，全池均匀泼洒，一般日投放量控制在每亩 50～75 千克，根据天气、水质、池鱼生长情况等灵活掌握。

（3）实例　1977 年江苏省吴县张庄大队用水花生草浆饲养鱼种，放养密度为每亩 6000 尾，经 90 天饲养，鲢、鳙（占放养总量的 80%）的生长速度、出塘规格、成活率及产量均高于精饲料饲养池，草鱼、鲤鱼的出塘规格差于精饲料饲养池，但也达到 12 厘米，如表 3-8 所示。

表 3-8　水花生草浆培育鱼种（以鲢、鳙为主）的效果

组别	种类	放养比例/%	放养规格/厘米	成活率/%	出塘规格/厘米	平均亩产/千克
草浆组	鲢	65	3.47	92.7	14.46	106.35
	鳙	15	3.44	79.4	14.70	26.6
	草	10	2.63	82.3	12.60	19.45
	鲤	10	4.25	47.9	13.90	8.0
						160.4
精料组	鲢	65	3.47	91.6	10.80	43.6
	鳙	15	3.44	46.8	13.64	11.65
	草	10	2.63	49.7	14.78	17.2
	鲤	10	4.25	52.4	15.62	12.85
						5.3

六、 池塘管理

鱼种池的日常管理工作除掌握"四定"投饲外，还包括以下几个方面：

1. 加强巡视

每日早晨和下午分别巡塘 1 次，观察水色和鱼的动态、是否浮头和掌握鱼的生长活动情况，以决定是否注水和翌日的投饵、施肥量。浮头时应立即加注新水和开增氧机。

2. 及时除杂

经常清除池边杂草和池中的草渣或腐败物、杂物，以保持池塘清洁。

3. 食场消毒

每 2～3 天清洗食台并进行食台、食场消毒，以保持池塘卫生。每半月用漂白粉或用硫酸铜挂袋消毒一次（每亩用量 250～500 克）。消毒时每个食台挂两个袋，每袋放药 50 克。

4. 改善水质

视水质情况合理施肥，适时加注新水，改善水质。通常每月注水 2～3 次，水的肥度以透明度 20～30 厘米为宜，以使水质保持"肥、活、嫩、爽"。

5. 定期检查

主要是检查鱼种的生长情况，在几个关键时段做好防洪、防逃、防破坏工作的检查和防治病害等工作，同时也要做好日常管理的记录。

七、 并塘越冬

秋末冬初，水温降至 10℃以下，鱼种基本上已经不摄食或很少摄食，这时就需要开始拉网、起捕，并塘越冬。

1. 并塘目的

当鱼种个体培育到一定大小时，就要及时并塘，通过并塘可以达到以下几个养殖目的：

① 将鱼种按不同种类和大小规格进行分类、计数，并按不同的鱼池囤养，有利于以后鱼种的运输和放养。

② 在培育鱼种时，从培育的角度来看，池塘并不需要太深，而在冬季尤其是北方的冬季，这样浅的水位有可能使鱼种被冻伤，通过并塘可将鱼种囤养在较深的池塘中安全越冬，便于管理，不使鱼种落膘。

③ 通过并塘操作，能清理出池子里的所有鱼种，可以全面了解当年的鱼种生产情况，从而总结经验，为制订下年度放养计划提供更好的参考。

④ 通过并塘，能将两三口鱼池里的鱼种归并到一个鱼池里，这样就能腾出鱼种池，并利用冬闲季节对池塘进行及时清整，为来年的生产做好准备工作。

2. 并塘操作

要选择好合适的塘口，应选择背风向阳、面积 2～3 亩、水深 2 米以上的鱼池作为并塘后的越冬池。通常规格为 10～13 厘米的鱼种每亩可囤养 5 万～6 万尾。

在拉网并塘前，鱼种应停食 3～5 天。然后选择水温 5～10℃的晴天中午拉网捕鱼、分类归并。在拉网、捕鱼、选鱼、运输等操作中应小心细致，避免鱼体受伤。

3. 并塘管理

在鱼种并塘后，要着重做好以下几点并塘管理工作：①及时增氧，尤其是在北方，冬季冰封季节长，应采取增氧措施，防止鱼种缺氧，主要措施是在冰面上打洞，遇到大雪天气时，要及时清扫积雪；②及时加注新水，不仅可以增加溶氧，而且还可以提高水位，稳定水温，改善水质；③防止渗漏，加强越冬池的巡视，发现池埂有渗漏要及时修补；④越冬池的池水应保持一定的肥度，并及时做好投饵、施肥（北方冰封的越冬池在越冬前通常施无机肥料，南方通常施有机肥料）工作，一般每周投饵 1～2 次，保证越冬鱼种不落膘。

第四章

池塘养殖成鱼

鱼类在池塘中的养殖可以分为专养、套养、混养、轮养等多种类型。不同的类型所要求的池塘条件略有不同，掌握的技术难易程度也不一样，产生的经济效益差别很大。要想池塘养鱼取得更好的经济效益，我们认为着重要抓好科学管水、科学投种、科学混养、科学防病、科学投喂和科学管理等方面的工作。

第一节　池塘"八字精养法"的内涵

成鱼养殖要求饲养生长快、养殖周期短、产量高、质量好，这样才能取得好的经济效益。为了达到上述目的，我国池塘养鱼工作者将复杂的养鱼生态系统进行简化和提炼，总结出"水、种、饵、密、混、轮、防、管"八个要素，简称"八字精养法"综合技术措施。"八字精养法"是在全面总结我国池塘高产养殖经验的基础上，对成鱼饲养综合技术措施的高度概括。

其中"水（水体）、种（鱼种）、饵（饵料）"是成鱼高产养殖必备的基本条件，是稳产高产的基础，一切养鱼技术措施都是根据"水、种、饵"这三大要素确定的。"密（合理密养）、混（多品种混养）、轮（轮捕轮放）"反映的是鱼种的放养方式，是快速养鱼获得高产稳产的技术措施。"防"（防治鱼病）和"管"（精心管理）则是成鱼稳产高产的根本保证，通过"防、管"综合运用这些物质基础和技术措施，才能达到高产稳产的目的。这八个方面互相联系、互相依存、互相制约、互相促进，构成一个有机整体。每一个字都有其重要作用和特殊意义，生产中必须字字做实，不可替代，按照"八字精养法"的要求去做，就能实现高产稳产。

一、水

养鱼离不开水，水是鱼类生活的载体。这里所说的水，应该有三个含义：①池塘所引用的水源的水质、水量必须符合鱼类的生活生长要求，保证常年用水对于干旱地区特别重要，当大旱之年农业与养殖业争水时，养鱼往往半途而废；②池塘条件，即池塘水面的大小、池水的深度、土质、水温、周围环境等必须符合鱼类生活和生长的要求；③池塘养鱼过程中池水的变化情况必须适应鱼类的生活生长要求，否则鱼类就会产生应激反应。另外养鱼水体要与居民区污水尽量分开，以免受污染而造成富营养化、中毒等事件。

要求养鱼池塘引用的水源水量充沛，能够保证养殖用水的需要且能灌能排，有完备的进出水渠和排灌设备，排灌方便；池塘不漏水，有适当的污泥深度；水质良好无污染，符合养鱼用水水质标准。

池塘水面的大小、池水的深度也影响养鱼效果。群众中有"宽水养大鱼"的说法，说明面积大一些、池水深一些的池塘养鱼效果好。但也不是池塘越大越好、池水越深越好。过大、过深的池塘，会给鱼的捕捞带来麻烦，饲养管理也不方便，因此要求鱼塘水面、水深符合规定要求，水深在2米左右、面积在20亩左右即可。池塘的形状、朝向则主要因光照时间的长短和风力的大小而有所差异，长方形东西向池塘，受光照时间更长，受风力的作用增氧效果更好，对水温的提高及水中浮游生物的光合作用更为有利。当然，由于农民建池养鱼受客观条件的限制，对池形及朝向不能强作要求。

养鱼过程中池水水质应"肥、爽、嫩、活"。"肥"指的是水中有丰富的浮游动物、浮游植物等鱼类的天然饵料，有机物与营养盐类丰富。"爽"指的是水面上、水体中没有污物，池水看上去很清爽，透明度适中，水中溶氧条件好。"嫩"指的是水色鲜嫩不老，也是易消化的浮游植物较多、细胞未衰老的表现。"活"表示水色经常在变化，指的是池水水色有日变化和月变化。在一天中有早、中、晚的"日变化"，即"朝红晚绿"，同时水色还有上风口和下风口的不同变化；在每个月水色也要有一定的变化。这种池水的日变化和月变化，说明水中能被鱼利用的浮游动、植物丰富，优势种群交替出现，特别是鱼类容易消化的浮游植物数量多、质量好，且出现频率高，这样的池塘，鱼因能取得良好的食物而快速生长，从而获得较高的鱼产量和较好的经济效益（图4-1）。

图 4-1　池塘水

二、　种

"种"是指鱼苗的品质、规格、体质都是符合养殖要求的优良品种。"好种才有好收成"。池塘投放的优良鱼种要求放养数量足，规格大，品种齐全（指多品种混养鱼塘，实行单养的例外），体质健壮品质佳，抗病力强，无带病情况，鱼体鳞片、鳍条完好无伤，苗种来源方便，食性广，生长快，肉味好。池塘所需鱼种应立足于"就地生产，就近运输，就近养殖"，以提高成活率。经长途运输的鱼种，体质消耗大，也往往容易因受伤感染病菌，影响到鱼种成活率。

三、　饵

"饵"是指饵料的质量、适口性、数量及施肥培养能保证鱼类的营养需求。精养鱼池取得高产的全过程，实质上是一个不断改善池水的理化条件和饵料条件的矛盾过程。在这一对矛盾中，一方面要求我们既要不断地为鱼类创造一个良好的生活环境，另一方面又要使鱼类不断得到量多质好的天然饵料和人工饲料。整个养殖管理的过程，就是在解决这对矛盾中进行的。概括地讲，在生产上对这一矛盾的两方面分别提出要求：水质要保持"肥、活、爽"；投饵要保证"匀、好、足"。

1. 科学供饵

饵料包括天然饵料和人工饲料，是成鱼高产稳产的物质基础。人工饲料成本往往占饲养总成本的50%以上，应特别讲究科学使用、合理投喂。要求供应质量好、数量足、来源广、价格低且无毒无害的饲料，同时要注意饲料的多样化。在现在的精养鱼塘中，由于采取的是高投入、高产量的养殖方式，因此要求我们在进行精养时，必须选用营养平衡、全面的全价配合饲料，这样的饲料养鱼，鱼长得快、产量高、品质好，养殖成本也低。投喂饲料要合理，按照"四看"和"五定"原则进行，做到"匀、好、足"，并以此控制水质。投喂量以鱼摄食八成饱为宜。

2. 四看投饵

"四看"就是看季节、看天气、看水质、看鱼的吃食和活动情况。

（1）看季节　就是要根据不同的季节调整鱼的投喂量，一年当中两头少、中间多，6～9月的投喂量要占全年的85%～95%。

（2）看天气　就是根据气候的变化改变投喂量，晴天多投，阴雨天少投，闷热天气或阵雨前停止投喂，雾天气压低时待雾散开再投。

（3）看水质　就是根据水质的好坏来调整投喂量，水质好、水色清淡时可以正常投喂，水色过深、水藻成团或有泛池迹象时应停止投喂，加注新水，水质变好后再投喂。

（4）看鱼的吃食和活动情况　就是根据鱼的状态来改变投喂量，这是决定投喂量最直观的依据。鱼活动正常，能够在1小时内吃完投喂的饲料，次日可以适当增加投喂量，否则要减少投喂量。

3. 五定投饵

"五定"即定时、定位、定量、定质和定人。"五定"不能机械地理解为固定不变，而是根据季节、气候、生长情况和水环境的变化而改变，以保证鱼类都能吃饱、吃好，而且又不浪费以致污染水质。

（1）定时　每天投喂时间可选在早晨和傍晚2次投喂，低温或高温时可以只投喂1次。

（2）定位　饲料应投喂到饲料台，在规模化养殖时常常使用投饵机，使鱼养成一定位置摄食的习惯，既便于鱼的取食，又便于清扫和消毒。

（3）定量　即根据鱼的体重和水温来确定日投喂量，根据"四看"原则进行调整。

（4）定质　就是要求饲料"精而鲜"，"精"要求饲料营养全面、加工精细、大小合适，"鲜"要求投喂的饲料必须保持新鲜清洁、没有变质、不含有毒成分，而且要在水中稳定性好，适口性好。现在市场上低劣假冒的渔用饲料品种较多，投入品监管力度尚欠缺，造成水产品的药残、激素超标，质量优劣不一。因此我们在选用饲料时一定要选择大品牌、有质量保障的饲料，如通威饲料、海大饲料、大江饲料等。

（5）定人 就是有专人进行投喂。

4. 匀、好、足

（1）匀 表示一年中应连续不断地投以足够数量的饵料，在正常情况下，前后两次投饵量应相对均匀，相差不大。

（2）好 表示饵料的质量要好，要能满足鱼类生长发育的需求。

（3）足 表示投饵量适当，在规定的时间内鱼将饲料吃完，不使鱼过饥或过饱。

实践证明，保持水质"肥、活、嫩、爽"，不仅给予滤食性鱼类丰富的饵料生物，而且还给予鱼类良好的生活环境，为投饵达到"匀、好、足"创造有利条件。保持投饵"匀、好、足"，不仅使滤食性鱼类在密养条件下最大限度地生长，不易生病，而且使池塘生产力不断提高，为水质保持"肥、活、嫩、爽"打下良好的物质基础。

四、密

根据池塘条件，特别是水源条件、鱼种的数量、饵料肥料的供应、增氧设备、饲养管理水平合理投放鱼种，适当增加放养密度，合理密养，使鱼种的放养密度既高又合理，以充分利用水体空间和饲料。合理密养能提高鱼产量，获得最佳经济效益。但在水源条件差、受干旱缺水威胁大的池塘，养殖密度则不宜过大，以免发生缺氧泛池事故，带来重大损失。另外在高效养殖中，我们还要摒弃一个错误观念，就是一味地过度追求高产量，超负载养殖，过高密度放养，从而造成水域环境污染日趋严重，水产品质量下降，养殖病害频增，负效应急剧加大。

五、混

对不同生活习性、不同栖息习性、不同食性、不同年龄和规格的鱼类实行搭配混养，同池混养品种一般4～5个，有条件的多达十几个，以立体利用水面和充分利用人工或天然的各种饵料，形成对水体和饲料的充分开发格局，使不同鱼类各栖其所、各摄其食，相得益彰。将上层、中上层、中下层和底层鱼搭配养殖，确定1～2种主养鱼，合理搭配放养其他鱼类，正确处理好吃食性鱼和滤食性鱼的关系。在提供"混"的时候，我们要特别留心另一个"混"，就是混乱。现在有些养殖户在养殖结构调整中急功近利，导致品种混乱，监督管理不到位，最终造成规避市场风险、病害风险的能力下降，一旦发生意外，很可能会造成惨重的损失。

六、轮

"轮"即根据不同品种、不同规格鱼的生长规律，在饲养中期，分批捕大留小，轮捕轮放。可以一次放足、分次轮捕，也可分次放养、分次轮捕。密养与混养关系密切，只有在实行多品种混养的基础上，才能提高池塘放养密度。混养可充分发挥"水、种、饵"的生产潜力；密养可以合理混养为基础，充分利用池塘水体和饲料，发挥鱼群的增产潜力；轮养可在混养密放的基础上，延长和扩大池塘养鱼的时间和空间，不仅使混养品种、规格进一步增加，而且使池塘在整个养殖过程中保持合理的密度，最大限度地发挥水体的生产潜力。

七、防

"防"本应是"管"中的内容之一，但由于"防"在池塘养鱼中十分重要，因此"八字精养法"将其单列。这里的"防"，指的是鱼病的预防，同时也应当包含防洪、防缺氧泛池及防盗等。鱼病的预防与治疗，应认真贯彻"预防为主，防重于治"的方针，采取"有病早治，无病早防，全面预防，防重于治"的方法，避免或减少鱼因病死亡造成损失。鱼塘要注意进行彻底的清塘消毒，改善环境条件，经常保持鱼池清洁卫生，及时防病治病；还要做好鱼体消毒、饲料消毒、工具消毒。为了增强鱼的抗病能力，可对下塘鱼种注射疫苗预防疾病、施放微生物制剂等调节水质、投喂药物饲料等。

另外，现在渔用药物市场难以监控，药物残留检测设施不全。目前渔药采用的是兽药标准，监控的空白往往会导致养殖户为了片面追求产量而大量用药，最终导致用药过多过滥，养殖水产品药残超标并流入市场。

八、管

"管"也就是精心管理，运用现代科学养鱼生产管理手段，实行精细全面的专人管理，科学养鱼。淡水鱼高效养殖是一项非常复杂的生产活动，牵扯到气候、水质、鱼类、管理等多种因素，因此管理水平的高低在一定程度上就成了决定生产成败的关键。其主要内容包括：

1. 建立档案

建立池塘档案，做好池塘记录（也是养鱼生产技术工作成果的记录），以便随时查阅。要想不断地提高养鱼水平，提高养殖效益，就必须对养鱼生产全过程进行精确记录，这种记录方式就是为鱼池建立档案，档案的内容包括各类鱼池鱼苗、鱼种、成鱼或亲鱼的放养数量、重量、规格、放养时间，轮捕轮放品种、时间、数量、重量、价格等，每天投饵施肥的种类和数量，鱼类活动情况和水质变化情况等几个方面，最好要将这些档案定期汇总，为调整生产技术措施、总结生产经验、制订更加可靠的计划提供依据。表 4-1～表 4-5 为一些档案管理的内容。

表 4-1　鱼种放养记录表

鱼池号　　面积　　亩

品种	放养日期（年月日）	规格		放养量		平均每亩数量		放养比例	
		体长/厘米	体重/克	数量/尾	重量/千克	尾	千克	尾数%	重量%

表 4-2　生产情况记录表

鱼池号　　面积　　亩

日期(月/日)	品种	检查情况		平均数量/尾	平均体长/厘米	备注
		数量/尾	重量/千克			

表 4-3　日常管理记录表

鱼池号　　面积　　亩

日期	时间	天气	气温	水温/℃	水质指标				水色	投饵情况	健康状况	用药情况	其他
					pH	溶氧	氨氮	亚硝酸盐					

表 4-4　鱼病防治记录表　　　　　　　鱼池号

日期（月/日）	水深/米	面积/亩	防治方法		鱼病症状	死亡数量		防治效果
			药品	数量		尾	千克	

表 4-5　出塘统计表

鱼池号　　面积　　亩

日期（月/日）	出塘重量合计/千克	鲢鱼			草鱼			鲤鱼			……
		规格	数量	重量	规格	数量	重量	规格	数量	重量	

2. 加强巡塘

坚持早、晚巡塘，观察鱼的吃食情况、活动情况、有无发病和泛池征兆等，及时防病治病，定期检查鱼体，以便发现问题，及时处置（图 4-2）。

图 4-2　巡塘

3. 保持环境安全

抓紧清塘，提早放养，保持池塘清洁卫生，除渣去污，提高鱼的品质，减少鱼病的发生，确保水产品的食用安全。

4. 防止浮头

强化水质管理，做好水质调控；科学开动增氧机，防止缺氧浮头、泛池。同时应准备在无法补充新水时需要的增氧设备、药品等。

5. 安全度汛

检查拦鱼设施，做好池埂维护，控制最适水位，确保安全度汛。

6. 科学施肥

在养殖过程中要保证肥料的供应，合理施肥，可采用施肥"三看"技术，"三看"就是看天气施肥、看水质施肥、看鱼的活动情况施肥，并贯彻勤施少施的原则。

（1）看天气施肥　就是要在天气晴朗的日子里施肥，在雨天和闷热天里都不要施肥。雨天施肥至少有四大弊端：①天气阴暗光照减弱，水体中浮游植物光合作用不强，对氮、磷等元素的吸收能力较差；②随水流带进的有机质较多，不必急于施肥；③水量较大时，施肥的有效浓度较低，肥效也随之降低；④溢洪时，肥料流失性大。天气闷热时，气压较低，水中溶氧较低，施加肥料后则使水中有机耗氧量增加，极易造成精养鱼池因缺氧而浮头泛池；另外，天气闷热时，可能即将有大雨降临，犯了下雨天施肥的大忌。

（2）看水质施肥　只能在水体清爽的时候施肥，如果水体过分浑浊是不宜施肥的，浑浊说明水体中黏土矿粒过多，氮肥中的铵离子和磷肥及其他肥料的部分离子易被黏土粒子吸附固定、沉淀，迟迟不能释放肥效，造成肥效的损失。

（3）看鱼的活动情况施肥　只能在鱼活动正常时才能施肥，如果在鱼活动能力不强或摄食不旺时施肥，培育的大量浮游生物不能及时地被有效利用，易形成水华，败坏水质；而在暴发鱼病时施肥，鱼体本身的抵抗力就已经减弱了，若铵态氮肥施用较高，则易使鱼体中毒死亡；另外，在暴发鱼病时，鱼的摄食能力下降，也不宜施肥。

7. 科学投饵

采取投饵"五定"措施，具体的内容请见前文。

8. 其他管理

加强对养殖活动其他条件的管理，例如对周围交通、社会环境的考察，养殖人员居住及渔具、饵料、药械存放条件必须具备，同时要搞好邻里关系，防止平时药鱼、偷盗和哄抢。

实践证明，以"水、种、饵"为物质基础，是水产养殖的基本条件。就像空气对于人的重要性一样，"水"是鱼的最基本的生活条件，"种"是养鱼的物质条件。"长嘴就要吃"，作为水产动物，鱼是要吃食的，没有食物来源就无法满足鱼类新陈代谢的能量需求。因此，有了良好的水环境，配备种质好、数量足、规格理想的鱼种，还必须有丰富价廉、营养高的饵料，才能养好鱼。由此可见，"水、种、饵"是养鱼的三个基本要素，是池塘养鱼的物质基础。一切养鱼技术措施，都是根据"水、种、饵"的具体条件来确定的，缺少了这三个基础条件，一切高产高效的养鱼都是空谈。三者密切联系，构成"八字精养法"的第一层次。

运用"混、密、轮"等养殖技术措施，是保证高产稳产的技术条件。混养是我国渔民在长期生产实践中总结出来的宝贵养鱼经验，他们在长期观察了鱼与鱼之间的相互关系后，巧妙地运用了它们互惠互利、适度调剂、共同生存的优势，尽可能限制或缩小它们在争食、争空间、争氧气等方面的不利因素，将不同生活习性、食性互相不干扰、生活空间互相不竞争的鱼类混养在一起，充分发挥了水体的空间优势、充分利用了天然的饵料资源，最大限度地提高了"水、种、饵"的生产潜力。"密"是根据混养的生物学基础——正确运用了各种鱼之间的关系，根据"水、种、饵"的具体条件，合理密养，充分利用池塘水体和饵料，发挥各种鱼类群体的生产潜力，达到高产、高效的目的。"轮"是在"混"和"密"的基础上，"更上一层楼"，进一步延长和扩大池塘的利用时间和空间，不仅使混养种类、规格进一步增加，而且使池塘在整个养殖过程中始终保持合适的密度，不仅进一步发挥了水体的生产潜力，而且做到活鱼均衡上市，保证了市场常年供应，提高了经济效益。由此可见，"混、密、轮"是池塘养鱼高产、高效的技术措施。三者密切联系、相互制约，构成"八字精养法"的第二层次。

虽然有了"水、种、饵"的物质基础，也运用了"混、密、轮"等先进技术措施，但仍然不能保证高产高效的养殖一定会获得成功，因此就需要管理来配合。

掌握和运用这些物质和技术措施的主要因素是人，一切养鱼措施都要发挥人的主观能动性，只有充分发挥人的主观能动性，加强日常管理工作，通过"防"和"管"，综合运用这些条件和技术，不断解决施肥、投饵败坏水质，鱼发病或缺氧浮头、泛池与水质调控之间的各种矛盾，保持良好的水质即实现池水的"肥、爽、活"，才能达到池塘养鱼高产、稳产、高效的目的。可见，"防"和"管"是池塘养鱼高产、高效的根本保证。"防"和"管"与前述的六个要素都有密切联系，构成"八字精养法"的第三层次。

第二节 池塘条件

一、 池塘条件

良好的池塘条件是池塘养鱼高产、优质、高效的关键之一。池塘是鱼类的生活场所，是养殖鱼栖息、生长、繁殖的环境，许多增产措施都是通过池塘水环境作用于鱼类，故池塘环境条件的优劣与鱼类的生存、生长和发育有着密度的关系，直接关系到鱼产量的高低。对于生产者，良好的池塘条件才能够获得较高的经济效益。

饲养食用鱼的池塘条件包括池塘位置、水源和水质、面积、水深、土质以及池塘形状与周围环境等。在可能的条件下，应采取措施，改造池塘，创造适宜的环境条件以提高池塘鱼产量。

目前我国对高产稳产鱼池的要求如下：

1. 位置

鱼类品种不同，对池塘条件要求不一样，一般养殖四大家鱼的池塘或农村的小水塘、沟渠都可以养殖大部分鱼类品种。但是为了取得高产和较高的经济效益，还是要选择水源充足、注排水方便、水质良好无污染、交通方便的地方建造鱼池，这样既有利于注排水方便，也方便鱼种、饲料和成鱼的运输和销售。

2. 水质

池塘养鱼要有充足的水源和良好的水质，以便于经常加注新水。水源

第四章 池塘养殖成鱼 101

以无污染的江河、湖泊、水库水最好，也可以用自备机井提供水源，确保注排水方便。水源充足就可以在干旱、水中缺氧或水质被污染时及时采取加水或换水措施。水质要满足渔业用水标准，无毒副作用。良好的水质要求溶氧高，酸碱度适中，不含有毒物质。工厂和矿山排出的废水，往往含有对鱼类有害的物质，只有经过分析和试养，才能作为养鱼用水。

3. 面积

鱼塘的大小，与鱼产量的高低有非常密切的关系。俗话说："塘宽水深养大鱼"，饲养食用鱼的池塘面积应较大，这是因为水体越大，鱼的活动范围越广，越接近自然环境，水质变化越小，不易突变，因此渔谚有"宽水养大鱼"的说法；反之，水质变化则大，容易恶化，对鱼类生产不利。但是对于高产养鱼池塘的养殖面积来说，一般以10亩左右为佳，最大不超过30亩，高产池塘要求配备1～2台1.5千瓦的叶轮式增氧机。这样大小面积的成鱼饲养池既可以给鱼提供相当大的活动空间，也可以稳定水质，不容易发生突变，更重要的是表层和底层水能借风力作用不断地进行对流，使池塘上、下水层混合，改善下层水的溶氧条件。如果面积过小，水环境将不太稳定，并且占用堤埂多，相对缩小了水面；但是如果面积过大，投喂饵料时不易全面照顾到，导致鱼吃食不匀，水质也不易控制，夏季捕鱼时，一网起捕过多，分拣费时，操作困难，稍一疏忽便容易造成死鱼事故，影响成鱼的整体规格和效益。

4. 水深

池塘精养方式，对池塘的容量是有一定要求的，"一寸水，一寸鱼"讲的是深水养大鱼的道理，但也不是越深越好。根据生产实践经验，成鱼饲养池的水深应为1.5～2米，有的品种还要求精养鱼池常年水位应保持在2.0～2.5米。这是因为这种水深的池塘容积较大，水温波动较小，水质容易稳定，可以增加放养量，从而提高产量。但是池水也不宜过深，如果用山谷型水库来改造成为精养鱼塘就不合适，这是因为这种池塘的水深一般都达到4米左右，深层水中光照度很弱，光合作用产生的溶氧量很少，浮游生物也少。

5. 注、 排水道

一般高产的鱼塘，都应当有独立的注、排水道，这样才能做到及时注水和排水，以便调节和控制水质，促进鱼类生长和保证鱼类安全。在水源充足的条件下，还可实行流水养殖，以增加单位放养量，达到高产稳产的目的。

6. 土质

一般鱼塘多半是挖土建筑而成的，土壤与水直接接触，故对水质的影响很大。土质要求具有较好的保水、保肥、保温能力，还要有利于浮游生物的培育和增殖。根据生产的经验，饲养鲤科鱼类池塘的土质以壤土最好，黏土次之，沙土最劣。至于黏质土鱼塘，虽然保水性好，但容易板结，通气性差，容易造成水中溶氧不足；沙土鱼塘，由于渗水性大，不仅不能保水，池水难肥，而且容易崩塌。池底淤泥的厚度应在 10 厘米以下。池底还应挖 2～3 条深沟，便于干塘时捕捞。

7. 池塘形状和周围环境

鱼塘的形状要整齐，一般是以长方形为好，长与宽之比可为（2～4）：1,东西边长，南北边宽，宽的一边最好不超过 50 米，这样的池塘，可接受较多的阳光和风力，也便于操作和管理。周围最好不要有高大的树木和其他的建筑物，以免遮光、挡风和妨碍操作。堤埂较高较宽，大水不淹、天旱不漏、旱涝保收，并有一定的青饲料种植面积。

8. 池底形状

鱼池池底一般可分为 3 种类型：① "锅底型"；② "倾斜型"；③ "龟背型"。其中池底最好呈 "龟背型" 或 "倾斜型"，池塘饲养管理方便，尤其是排水捕鱼十分方便，运鱼距离短。

二、 池塘改造

如果鱼池达不到上述要求，就应加以改造。改造池塘时应按上述标准要求，采取以下措施：小塘改大塘；浅塘改深塘；漏水塘改保水塘；死水塘改活水塘；瘦塘改肥塘；低埂改高埂；狭埂改宽埂。

1. 改小塘为大塘

把过去遗留下来的未规划的小、浅鱼塘，合并扩大，提高鱼塘生产力，发挥更大的经济效益。

2. 改浅塘为深塘

把原来的浅水塘、淤集塘，挖深、清淤，保证鱼塘的深度和环境卫生。

3. 改漏水塘为保水塘

有些鱼塘常年漏水不止，这主要是由于土质不良或堤基过于单薄。沙质过重的土壤不宜建鱼堤。如建塘后发现有轻度漏水现象，应采取必要的塘底改土和加宽加固堤基措施，在条件许可的情况下，最好在塘周砌砖石或水泥护堤。

4. 改死水塘为活水塘

鱼塘水流不通，不仅影响产量，而且对生产有很大的危险性，容易引起鱼类的严重浮头、浮塘和发病，一旦发生问题，无法及时采取"救鱼"措施。因此对这样的鱼塘，必须尽一切可能改善排灌条件，如开挖水渠、铺设水管等，做到能排能灌，才能获得高产。

5. 改瘦塘为肥塘

鱼塘在进行上述改造以后，就为提高生产力、夺取高产奠定了基础。有了相当大的水体，又能排灌自如，使水体充分交换，但如果没有足够的饲、肥供给，塘水不能保持适当的肥度，同样不能收到应有的经济效果。因此，我们应通过多种途径，解决饲、肥来源，逐渐使塘水转肥。

三、 池塘的清整

池塘是淡水鱼生活的地方，池塘的环境条件直接影响到淡水鱼的生长、发育。新开挖的池塘要平整塘底、清整塘埂，使池底和池壁有良好的保水性能，尽可能减少池水的渗漏。对于那些多年用于养鱼的池塘，底部沉积了大量淤泥，一般每年沉积 10 厘米左右，加上池埂长期受到水中波浪冲击和浸洗，一般都有不同程度的崩塌。要在淡水鱼起捕后及时清除淤泥、加固池埂和消毒，检查维修防逃设施，并对池底进行不少于 15 天的冻晒，可有效杀灭池中的敌害生物、争食的野杂鱼类及一些致病菌。

1. 池塘清整的好处

定期对池塘进行清整，从养殖的角度上来看，有三个好处：一是通过清整池塘能杀灭水中和底泥中的各种病原菌、细菌、寄生虫等，减少鱼类疾病的发生概率；二是可以杀灭对幼鱼有害的杂鱼和水生昆虫；三是通过清整后，可以将池塘的淤泥清理出来，一方面是加固池埂，另一方面可以利用填在池埂上的淤泥来种植苏丹草、黑麦草等绿色青饲料，解决淡水鱼的饲料来源问题（图 4-3）。

图 4-3　池塘的清整

2. 池塘清整的时间

清整鱼池一般每年进行一次，最好是在春节前的深冬进行，可以选择冬季的晴天来清整池塘，以便有足够的时间进行池底的暴晒。

3. 清整方法

先将池塘里的水排干净，注意保留塘边的杂草，然后将池底在阳光下暴晒一周左右，等池底出现龟裂时，可挖去过多的淤泥，把塘泥用来加固池埂，修补裂缝，并用铁锹或木槌打实，防止渗水、漏水，为下一年的池塘注水和放养前的清塘消毒做好准备。

四、 鱼池消毒

所谓消毒，就是在池塘内施用药物杀灭影响鱼苗生存、生长的各种生物，以保障鱼苗不受敌害、病害的侵袭。药物消毒一般在鱼苗下塘前7～10天的晴天中午进行。

1. 生石灰消毒

（1）生石灰消毒的原理　生石灰的来源非常广泛，几乎所有的地方都有，而且价格低廉，是目前能用于消毒最有效的消毒剂。它的作用原理是：生石灰遇水后发生化学反应，释放出大量热能，产生具有强碱性的氢氧化钙，同时能在短时间内使水的 pH 值迅速提高到 11 以上，因此，这种方法能迅速杀死水生昆虫及虫卵、野杂鱼、青苔、病原体等。更重要的是，生石灰与底泥中有机酸产生中和作用，使池水呈碱性，既改良了水质和池底的土质，同时也能补充大量的钙质，有利于淡水鱼的生长发育（图 4-4）。

图 4-4　生石灰

（2）生石灰消毒的优点　生石灰是常用的消毒剂，具有以下优点：

① 能迅速杀死隐藏在底泥中的害鱼、老鼠、水蛇、水生昆虫和虫卵、螺类、青苔、寄生虫和病原菌等敌害生物，减少疾病的发生。

② 能改良池塘的水质，清塘后水的碱性增强，能使水中悬浮状的有机质沉淀，过于浑浊的池水得以适当澄清，可以使池水保持一定的新鲜度，这非常有利于浮游生物的繁殖和淡水鱼的生长。

③ 能改变池塘的土质，生石灰遇水后产生氢氧化钙，吸收二氧化碳生成碳酸钙沉入池底。碳酸钙能疏松淤泥，改善底泥的通气条件，加速细菌分解有机质的作用，并能释放出被淤泥吸附的氮、磷、钾等营养盐，增加水的肥度，促进天然饵料的繁育。

④ 生石灰可以将池底中的氮、磷、钾等营养物质释放出来，增加水的肥度，可让池水变肥，间接起到了施肥的作用。

（3）干法消毒　生石灰消毒可分干法消毒和带水消毒两种方法。通常都是使用干法消毒，在水源不方便或无法排干水的池塘才用带水消毒法。

在鱼种放养前 20～30 天，先将池水基本排干，保留水深 5～10 厘米，在池底四周选几个点，挖个小坑，将生石灰倒入小坑内，用量为每平方米 100 克左右，注水溶化，待生石灰化成石灰浆后，不待冷却即用水瓢将石灰浆趁热向四周均匀泼洒，边缘和鱼池中心都要洒遍。为了提高效果，第二天可用铁耙将池底淤泥耙动一下，使石灰浆和淤泥充分混合。然后再经 5～7 天晒塘后，经试水确认无毒，灌入新水，即可投放种苗。试水的方法是在消毒后的池子里放一只小网箱，放入 50 只小鱼苗，如果在 24 小时内，网箱里的鱼苗没有死亡也没有任何其他的不适反应，说明消毒药剂的毒性已经全部消失，这时就可以大量放养相应的鱼苗了。如果 24 小时内仍然有试水的鱼苗死亡，则说明毒性还没有完全消失，这时可以再次换水后 1～2 天再试水，直到完全安全后才能放养鱼苗。

要注意的是，干法消毒并不是要把水完全排干，而是至少留 5 厘米以上的水，否则钻入泥中的一些敌害鱼类杀不死。如果生石灰质量差或淤泥多，要适当增加生石灰用量。

（4）带水消毒　排水不方便或时间来不及时可带水消毒。这种方法的优点是速度快，节省劳力，效果也好；缺点是生石灰用量较多。

每亩水面水深 0.6 米时，用生石灰 80 千克溶于水中后，一般是将生石灰放入大木盆等容器中化开成石灰浆，操作人员穿防水裤下水，将石灰浆全池均匀泼洒。用带水法消毒虽然工作量大一点，但它的效果很好，可以把石灰浆直接灌进池埂边的鼠洞、蛇洞里，能彻底地杀死病害（图4-5）。

图4-5 用生石灰消毒后的池塘

有的地方采用半带水消毒法，即水深0.3米，每亩用生石灰45千克，生石灰用量少，操作方便，效果也好。

鱼池使用生石灰应注意几个问题：①选择没有风化的新鲜生石灰，已经潮解的生石灰功效会减弱；②要掌握生石灰的用量，其毒性消失期与用量有关；③生石灰和池塘施肥不能同时进行，因为肥料中所含的NH_4^+会因pH值升高转化为NH_3，对鱼类产生毒害作用，肥料中的磷酸盐磷会和钙发生化学反应，变成难溶性的磷酸钙，从而降低肥效；④生石灰不可与含氯消毒剂和杀虫剂同时使用，以免产生拮抗作用，降低功效；⑤生石灰的使用要视鱼池pH值具体情况而定。

2. 漂白粉消毒

（1）漂白粉消毒的原理　漂白粉遇水后能产生化学反应，产生次氯酸，次氯酸具有强烈的杀菌和杀死敌害生物的作用。它的消毒效果常受水中有机物影响，如鱼池池水肥、有机物质多，消毒效果就差一些。

（2）漂白粉消毒的优点　漂白粉消毒的效果与生石灰基本相同，但是它的药性消失快，而且用量少，因此在生石灰缺乏或交通不便的地区采用这个方法，对急于使用的池塘更为适宜。

（3）带水消毒　在用漂白粉带水消毒时，要求水深0.5～1米，漂白粉的用量为每亩池面用10～20千克。先用木桶或瓷盆内加水将漂白粉完全溶化后，全池均匀泼洒，也可将漂白粉顺风撒入水中，然后划动池水，使药物分布均匀。一般用漂白粉清池消毒后3～5天即可注入新水和施肥，再过两三天后，就可投放鱼种进行饲养。

（4）干法消毒　在用漂白粉干塘消毒时，其用量为每亩池面5～10千克。使用时先用木桶加水将漂白粉完全溶化后，全池均匀泼洒即可。

（5）注意事项

① 漂白粉一般含有效氯30％左右，而且它具有易挥发的特性，因此在使用前先对漂白粉的有效含量进行测定，在有效范围内（含有效氯30％）方可使用，如果部分漂白粉失效了，这时可通过换算来计算出合适的用量。

② 漂白粉极易挥发和分解，释放出的初生态氧容易与金属起作用。因此，漂白粉应密封在陶瓷容器或塑料袋内，存放在阴凉干燥的地方，防止失效。加水溶解稀释时，不能用铝、铁等金属容器，以免被氧化。

③ 操作人员施药时应戴上口罩，并站在上风处泼洒，以防中毒。同时，要防止衣服被漂白粉沾染而受腐蚀。

3. 生石灰、漂白粉交替消毒

有时为了提高效果、降低成本，就采用生石灰、漂白粉交替消毒的方法，比单独使用漂白粉或生石灰消毒效果好。这种方法也分为带水消毒和干法消毒两种。带水消毒，水深1米时，每亩用生石灰60～75千克加漂白粉5～7千克；干法消毒，水深在10厘米左右，每亩用生石灰30～35千克加漂白粉2～3千克，化水后趁热全池泼洒。使用方法与前面两种相同，7天后即可放鱼种，效果比单用一种药物更好（图4-6）。

4. 漂白精消毒

干法消毒时，可排干池水，每亩用有效氯占60％～70％的漂白精2～2.5千克。带水消毒时，每亩每米水深用有效氯占60％～70％的漂白精6～7千克。使用时，先将漂白精放入木盆或搪瓷盆内，加水稀释后进行全池均匀泼洒。

5. 茶粕消毒

茶粕是广东、广西常用的消毒药物。它是山茶科植物油茶、茶梅或广宁茶的果实榨油后所剩余的渣滓，形状与菜籽饼相似，又叫茶籽饼。茶粕含皂苷，是种溶血性毒素，能溶化动物的红细胞而使其死亡。水深1米

图 4-6　生石灰漂白粉交替消毒的池塘

时，每亩用茶粕 25 千克。将茶粕捣碎成小块，放入容器中加热水浸泡一昼夜，然后加水稀释连渣带汁全池均匀泼洒。在消毒 10 天后，毒性基本上消失，可以投放鱼苗鱼种进行养殖。

需要注意的是，在选择茶粕时，尽可能地选择黑中带红、有刺激性、很脆的优质茶粕，这种茶粕的药性大，消毒效果好。

6. 生石灰和茶粕混合消毒

此法适合池塘进水后用，把生石灰和茶粕放进水中溶解后，全池泼洒，生石灰每亩用量 50 千克，茶粕 10～15 千克。

7. 鱼藤酮清塘

鱼藤酮又名鱼藤精，是从豆科植物鱼藤及毛鱼藤的根皮中提取的，能溶解于有机溶剂，对害虫有触杀和胃毒作用，对鱼类有剧毒。使用含量为 7.5% 的鱼藤酮的原液，水深 1 米时，每亩使用 700 毫升，加水稀释后装入喷雾器中遍池喷洒。能杀灭几乎所有的敌害鱼类和部分水生昆虫，对浮游生物、致病细菌和寄生虫没有什么作用。效果比前几种药物差一些。毒性 7 天左右消失，这时就可以投放鱼苗鱼种了。

8. 巴豆清塘

巴豆是江浙一带常用的消毒药物，近年来已很少使用，而被生石灰等取代。巴豆是大戟科植物的果实，所含的巴豆素是一种凝血性毒素，能杀死大部分敌害杂鱼，使鱼类的血液凝固而死亡，对致病菌、寄生虫、水生昆虫等没有杀灭作用，也没有改善土壤的作用。

在水深 10 厘米时，每亩用巴豆 5～7 千克。将巴豆捣碎磨细装入罐中，也可以浸水磨碎成糊状装进酒坛，加烧酒 100 克或用 3% 的食盐水密封浸泡 2～3 天，用池水将巴豆稀释后连渣带汁全池均匀泼洒，10～15 天后，再注水 1 米深，待药性彻底消失后放养鱼种。

要注意的是，由于巴豆对人体的毒性很大，施巴豆的池塘附近的蔬菜等，需要过 5～6 天以后才能食用。

9. 氨水清塘

氨水是一种挥发性的液体，一般含氮 12.5%～20% 左右，是一种碱性物质，当它泼洒到池塘里时，能迅速杀死水中的鱼类和大多数的水生昆虫。使用方法：在水深 10 厘米时，每亩用量 60 千克；在使用时要同时加 3 倍左右的塘泥，目的是减少氨水的挥发，防止药性消失过快。一般是在使用 1 周后药性基本消失，这时就可以放养鱼苗鱼种了。

10. 二氧化氯清塘

二氧化氯消毒是近年来才渐渐被养殖户所接受的一种消毒方式，它的消毒方法是，先引入水源后再用二氧化氯消毒，用量为每亩每米水深10～20 千克，7～10 天后放苗。该方法能有效杀死浮游生物、野杂鱼虾类等，防止蓝绿藻大量滋生，放苗之前一定要试水，确定安全后才可放苗。值得注意的是，由于二氧化氯具有较强的氧化性，加上它易爆炸，容易发生危险事故，因此在储存和消毒时一定要做好安全工作。

上述的清塘药物各有其特点，可根据具体情况灵活掌握使用。使用上述药物后，池水中的药性一般需经 7～10 天才能消失，放养鱼苗鱼种前最好"试水"，确认池水中的药物毒性完全消失后再行放种。

五、 盐碱地鱼池改造

除上述淡水淡土的鱼池外，我国东北、华北、西北以及沿海河口还有面积广阔的盐碱地。这些土地一般不宜农作物的生长，甚至寸草不生，而经改造后，即可挖塘养鱼。经过若干年的养鱼，这些土地完全或基本淡化后，根据需要还可以改为农田。目前，利用盐碱地发展池塘养鱼，已成为我国改造盐碱地的重要措施。

生产上可采取以下措施来改造盐碱地鱼池：首先是在建池时必须通电、通水、通路，挖池和修建排灌渠道要同步进行，能够保证引入淡水逐渐排除盐碱水，同时也有利于经常加注淡水，排出下层咸水；其次是施足有机肥料，以有机肥为主要肥源，尽量不用化肥，在清整鱼池时，忌用生石灰清塘，经过三年的处理后，能够促使"生塘"变为"熟塘"；再次就是改造盐碱水质必须与改造土质同步进行。采用上述措施，开挖一年的盐碱地池塘水的盐度可由 4 下降到 2～2.53，二年后池塘水的盐度下降到 1.5～2，三年后池塘水的盐度下降到 1.3～1.5，达到大部分淡水鱼养殖的条件。

第三节　鱼种

鱼种既是食用鱼饲养的物质基础，也是获得食用鱼高产的前提条件之一。优良的鱼种在饲养中适应能力强，成长速度快，抵抗疾病的能力强，成活率高。

一、　鱼种规格

我们在食用鱼的养殖中，通常会根据食用鱼的目标产量来确定鱼种投放的规格和数量，也就是说鱼种规格大小是根据食用鱼池放养的要求所确定的。

鱼种规格的大小，直接影响到池塘养殖的产量。一般认为，放养大规格鱼种是提高池塘鱼产量的一项重要措施。鱼种放养的规格大，相对成活率就高，鱼体增重大，能够提高单位面积产量和增大成鱼出池规格。

二、　鱼种来源

池塘养鱼所需的鱼种，主要应由养鱼单位自己培育，就地供应。这样既可做到有计划地生产鱼种，在种类、质量、数量和规格上满足放养的需要，降低成本，又可避免因长途运输鱼种而造成鱼体伤亡，或者放养后发生鱼病，降低成活率，造成鱼病的传播蔓延。

本单位生产鱼种有以下几个途径：

1. 鱼种池专池培育

专池培育鱼种是解决鱼种来源的主要途径，但由于近几年来不断提高食用鱼饲养池的放养密度，单靠专池培育鱼种已无法适应食用鱼饲养池放养的需要。专塘培育的 1 龄鱼种，其重量占本塘总放养鱼种重量的 40%～70%。

2. 食用鱼饲养池中套养鱼种

食用鱼饲养池套养鱼种，是解决成鱼高产和大规格鱼种供应不足之间矛盾的一种较好的方法，不仅能节约鱼种培育池面积，培养出翌年放养的大规格鱼种，而且可以充分挖掘食用鱼饲养池的生产潜力，并能提高鱼种规格、节约劳力和资金，故这种饲养方式又称"接力式"饲养。

成鱼池套养鱼种有以下优点：①挖掘了成鱼池的生产潜力，采用在成鱼池中套养鱼种，每年只需在成鱼池中增放一定数量的小规格鱼种或夏花，至年底，在成鱼池中就可培养出一大批大规格鱼种；②淘汰 2 龄鱼种池，扩大了成鱼池面积，提高了 2 龄青鱼和 2 龄草鱼鱼种的成活率；③节约了大量鱼种池，节省了劳力和资金。

在食用鱼饲养池中套养鱼种，主要是以饲养鲢鱼、鳙鱼、鲂鱼及草鱼为主，套养鱼种占本塘放养鱼种总重量的 8%～10%。一般每亩放 8.3～10 厘米大规格鲢鱼夏花 1000～1200 尾，鳙鱼亩放 600～750 尾，鲢鱼、鳙鱼成活率可达 85%以上。1 龄草鱼和青鱼种的全长必须达到 13 厘米以上，团头鲂鱼种全长必须达 10 厘米以上。

在饲养管理上，尤其是对套养的鱼种在摄食方面应给予特殊照顾。比如，用增加鱼种适口饵料的供应量，开辟鱼种食场，先投颗粒饲料喂大鱼、后投粉状饲料喂小鱼等方法促进套养鱼种生长。

3. 食用鱼饲养池中留塘鱼种

食用鱼饲养池由于高密度饲养，出塘时有 90%以上的养殖鱼类达到上市商品规格，有 10% 左右的鱼转入第二年养殖。这部分留塘鱼种，第二年可提前轮捕上市，这既可繁荣市场，又可增加收入，提高经济效益，是食用鱼养殖放养模式中不可缺少的部分。

饲养上对鱼种的要求：数量充足，规格合适，种类齐全，体质健壮，无病无伤。

三、 鱼种放养

1. 放养前的培肥

鱼种下塘时，水体应有一定的肥度，即有一定量的饵料生物，尤其是小规格鱼种下塘时，它们的食性在一定程度上还依赖水体的活饵料。

培肥水体的方法是在鱼种下塘前 5～7 天注入新水，注水深度 40～50 厘米。注水时应在进水口用 60～80 目绢网过滤，严防野杂鱼、小虾、卵和有害水生昆虫进入。基肥为腐熟的鸡粪、鸭粪、猪粪和牛粪等，施肥量为每亩 150～200 千克。施肥后 3～4 天即出现轮虫的高峰期，并可持续 3～5 天。以后视池水肥瘦、鱼上苗生长状况和天气情况适量施追肥。

2. 放养密度

放养密度通常包括所有鱼种的总放养量和每种鱼的放养量等两层意思。

在能养成商品规格的成鱼或能达到预期规格鱼种的前提下，可以达到最高鱼产量的放养密度，即为合理的放养密度。在一定的范围内，只要饲料充足，水源水质条件良好，管理得当，放养密度越大则产量越高。故合理密养是池塘养鱼高产的重要措施之一。只有在混养基础上，密养才能充分发挥池塘和饲料的生产潜力。在池塘里养殖成鱼，放养密度与池塘条件、鱼的种类与规格、饵料供应和水质管理措施等有着密切关系。

（1）密度加大、产量提高的物质基础是饲料　合理的放养密度，要根据池塘的条件、饲料和肥料供应情况、鱼苗的规格以及饲养水平等因素来确定。对主要摄食投喂饲料的鱼类，密度越大，投喂饲料越多，则产量越高。但提高放养量的同时，必须增加投饵量，才能得到增产效果。所以对于饲料来源容易的池塘，则多放，密度可以提高；反之，则少放。

（2）限制放养密度无限提高的因素是水质　在一定密度范围内，放养量越高，净产量越高；超出一定范围，尽管饵料供应充足，也难收到增产效果，甚至还会产生不良结果，其主要原因是水质限制。这些水质的限制因素包括溶氧是否充足、有机物质含量、还原性物质的含量、有毒物质的含量等。因此，凡水源充足、水质良好、进排水方便的池塘，放养密度可适当增加，配备有增氧机的池塘可比无增氧机的池塘多放。

（3）池塘条件与放养密度也存在关系　鱼池的条件，包括蓄水能力高低、排灌水是否方便、池埂是否完好等。只要这些条件好，就可以增加放养密度；反之，则要降低密度。

（4）鱼种的种类和规格与放养密度的关系　首先是鱼种要有层次感，也就是上、中、下层鱼类都要有，不要集中在某一水层；其次是大规格的苗种要少放，小规格的苗种要多放。在正常养殖情况下，每亩放养 8～10 厘米的鱼种 1000～1500 尾，饲养 5 个月，每尾可达 1500 克，一般每亩产 1500 千克，高的可达 2000 千克。在北方地区适宜放养规格为 100～150 克左右的大规格鱼种，以确保当年成鱼规格达到 1500 克左右。

（5）饲养管理措施与放养密度的关系　毫无疑问，饲养管理措施与放养密度之间有着密不可分的关系。管理水平高的池塘，密度可以加大；反之，则要降低密度。

（6）预期鱼产量与放养密度的关系　在池塘条件和其他饲养措施相似的情况下，在一定密度范围内，放养密度与鱼产量呈正相关，与出塘规格呈负相关。根据 10 多份资料的统计结果：在每亩放养鱼种 36.9～323 千克范围内，密度越大，鱼产量越高，而增重倍数却随密度的增大而减小。

3. 放养时间

提早放养鱼种是争取高产的措施之一。长江流域一般在春节前放养完毕，东北和华北地区可在解冻后，水温稳定在 5～6℃ 时放养。近年来，北方条件好的池塘已将春天放养鱼种改为秋天放养鱼种，鱼种成活率明显提高。鱼种放养必须在晴天进行，严寒、风雪天气不能放养，以免鱼种在捕捞和运输途中被冻伤。

4. 鱼种放养的注意事项

① 下塘的鱼种规格要整齐，否则会造成鱼种生长速度不一致，大小

差别较大；②下塘时间应当选在池塘浮游生物数量较多的时候；③下池前要对鱼体进行药物浸洗消毒（水温在 18～25℃时，用 10～15 克/米³ 的高锰酸钾溶液浸洗鱼体 15～25 分钟），杀灭鱼体表的细菌和寄生虫，预防鱼种下池后被病害感染；④下塘前要试水，两者的温差不要超过 2℃，温差过大时，要调整温差；⑤下塘最好选在晴天进行，阴天、刮风下雨时不宜放养；⑥搬运时的操作要轻，避免碰伤鱼体；⑦使用的工具要求光滑，尽量避免使鱼体受伤。

第四节　科学投喂

投喂量多质好的饵料，尤其是颗粒饲料，是养鱼高产、优质、高效的重要技术措施。

一、投饲量

投饲量是指在一定的时间（一般是 24 小时）内投放到某一养殖水体中的饲料量。它与水产动物的食欲、种类、数量、大小、水质、饲料质量等有关，实际工作中投饲量常用投饲率进行度量。投饲率亦称日投饲率，是指每天所投饲料量占养殖对象体重的百分数。日投饲量是实际投饲率与水中载鱼量（指吃食鱼）的乘积。为了确定某一具体养殖水体中的投饲量，需首先确定投饲率和载鱼量。

1. 影响投饲率的因素

投饲率受许多因素的影响，主要包括养殖动物种类、规格（体重）、水温、水质（溶氧）和饲料质量等。

（1）鱼的规格　不同规格的鱼对饲料的摄食消化能力也不同，故对投饲率的要求也不一样。幼龄阶段，鱼体生长速度快，对营养的要求量高；随着鱼的生长，生长速度逐渐下降，对营养素的需求量也随之下降。因此，在养殖生产中，鱼种阶段的投饲率要比成鱼阶段要高，一般鱼类的体重与其饲料的消耗呈负相关。在水温为 28℃的条件下，1～5 克的幼鱼投饲率为 10％～6％，而 200 克以上的鱼一般投饲率为 3％。

（2）水温　鱼是变温动物，水温影响它们的新陈代谢和食欲。在适温范围内，鱼的摄食随水温的升高而增加。如 300 克的鲫鱼，水温在 18℃ 时摄食率为 1.6％，20℃ 时的摄食率为 3.4％，25℃ 时为 4.8％，30℃ 时为 6.8％。据此，应根据不同的水温确定投饲率，具体体现在一年中不同的月份投饲量应该有所变化。

（3）水质　水质的好坏直接影响到鱼的食欲、新陈代谢及健康。一般在缺氧的情况，鱼会表现出极度不适和厌食；水中溶氧量充足时，食量加大。因此，应根据水中的溶氧量调节投饲量，如气压低时，水中溶氧量低，鱼容易缺氧，相应地应降低喂料量，以避免未被摄食的饲料造成水质的进一步恶化。

（4）饲料的营养与品质　一般来说，质量优良的饲料鱼喜食，而质量低劣的饲料，如霉变饲料，则会影响鱼的摄食，甚至拒食。饲料的营养含量也会影响投饲量，特别是日粮的蛋白质的含量，对投饲量的影响最大。

2. 投饲量的确定

鱼类的投饲量的确定方法主要有两种：饲料全年投饵计划和各月分配法（饲料全年分配法）、投饲率表法。

（1）饲料全年投饵计划和各月分配法　为了做到有计划地生产，保证饵料及时供应，做到根据鱼类生长需要均匀、适量地投喂饵料，必须在年初规划好全年的投饵计划。

饲料全年分配法是根据从实践中总结出来的在特定的养殖方式下鱼的饲料全年分配比例表。具体方法是，首先根据鱼池条件、放养的鱼种、全池计划总产量、鱼种放养量以及不同的养殖方式估算出全年净产量，然后根据饲料品质估测出饲料系数或综合饵肥料系数，再估算出全年饲料总需要量，最后根据饲料全年分配比例表，确定出逐月甚至逐旬和逐日分配的投饲量。

其中各月饵料分配比例一般采用"早开食，晚停食，抓中间，带两头"的分配方法，在鱼类的主要生长季节投饵量占总投饵量的 75％～85％；每日的实际投饵量主要根据当地的水温、水色、天气和鱼类吃食情况来决定。

这里以上海和江苏两地养殖草鱼为例来说明月饵料分配计划（表 4-6）。

表 4-6 以草鱼为主体鱼投颗粒饲料为主的饵料分配百分比   单位:%

3月份	4月份	5月份	6月份	7月份	8月份	9月份	10月份	11月份	试验地
—	1.90	5.72	9.32	13.36	18.54	24.61	21.45	5.10	上海
1.0	2.5	6.5	11.0	14.0	18.0	24.0	20.0	3.0	无锡

（2）投饲率表法 投饲率表法是根据试验和长期生产实践得出的不同种类和规格的鱼类在不同水温条件下的最佳投饲率而制成的投饲率表，并根据水体中实际载鱼量求出每日的投饲量，其中实际投饲率经常要根据饲料质量及鱼类摄食情况进行调整。水体中载鱼量是指某一水体中养殖的所有鱼类的总重量，一般可用抽样法估测。抽样法过程为，首先从水体中随机捕出部分鱼类，记录尾数并称重，求出尾平均重，然后根据日常记录，从放养时总尾数减去死亡数得出水体中现存的鱼尾数，用此尾数乘以尾平均重即估测出水体中的载鱼量。鱼类的投饲率的影响因素很多，实际工作中要灵活掌握。

二、 投喂技术

水产养殖由于鱼的品种、规格不同以及养殖环境和管理条件的变化，需要采用不同的投喂方式。饲养时必须根据鱼的大小、种类认真考虑饲料的特性，如来源（活饵或人工配合饲料）、颗粒规格、组成、密度和适口性等。而投喂量、投喂次数对鱼的生长率和饲料利用率有重要影响。此外，使用的饲料类型（浮性或沉性、颗粒或团状等）以及饲喂方法要根据具体条件而定。可以说，投喂方式与满足饲料的营养要求同样重要。

1. 配合饲料的规格

颗粒饲料具有较高的稳定性，可减少饲料对水质的污染。此外，投喂颗粒饲料时，便于具体观察鱼的摄食情况，灵活掌握投喂量，避免饲料的浪费。最佳饲料颗粒规格随鱼体增长而增大，最好不超过鱼口径(图 4-7)。

2. 投饲方法

投饲方法包括人工手撒投饲、饲料台投饲和投饲机投饲。人工手撒投

图 4-7　鱼的颗粒饲料

饲的方法费时费力，但可详细观察鱼的摄食情况，池塘养鱼还可通过人工手撒投饲驯养鱼抢食。饲料台投饲可用于摄食较缓慢的鱼类，将饵料做成面团状，放置于饲料台让鱼自行摄食，一般要求饲料有良好的耐水性。投饲机投饲则是将饲料制成颗粒状，按一天总量分几次用投饲机自动投饲。要求准确掌握每日摄食量，防止浪费，该方法省时省力。

3. 投饲次数

投饲次数又称投饲频率，是指在确定日投饲量后，将饲料分几次投放到养殖水体中。鱼苗 6～8 次，鱼种 2～5 次，成鱼 1～2 次。

4. 投饲时间

投饲时间应安排在鱼食欲旺盛的时候，这取决于水温与溶氧量。

5. 投饲场所

池塘养鱼食场应选择在向阳、池底无淤泥的地方，水深应为 0.8～1.0 米。

6. 投喂要领

投喂要领可概括为"四看"和"五定"。

"四看"就是看季节、看天气、看水质、看鱼的吃食和活动情况。鱼活动正常，能够在 1 小时内吃完投喂的饲料，次日可以适当增加投喂量，否则要减少投喂量。

（1）看季节　就是要根据不同的季节调整鱼的投喂量，一年当中两头少、中间多，6～9月份的投喂量要占全年的85%～95%。

（2）看天气　就是根据气候的变化改变投喂量，晴天多投，阴雨天少投，闷热天气或阵雨前停止投喂，雾天气压低时待雾散开再投。

（3）看水质　就是根据水质的好坏来调整投喂量，水质好、水色清淡，可以正常投喂，水色过深、水藻成团或有泛池迹象时应停止投喂，加注新水，水质变好后再投喂。

（4）看鱼的吃食和活动情况　就是根据鱼的状态来改变投喂量，这是决定投喂量最直观的依据。

"五定"即定时、定位、定量、定质和定人。"五定"不能机械地理解为固定不变，而是根据季节、气候、鱼生长情况和水环境的变化而改变。以保证鱼类都能吃饱、吃好，而且又不浪费以致污染水质。

（1）定时　每天投喂时间可选在早晨和傍晚2次投喂，低温或高温时可以只投喂1次。

（2）定位　饲料应投喂到饲料台，使鱼养成一定位置摄食的习惯，既便于鱼的取食，又便于清扫和消毒。

（3）定量　即根据鱼的体重和水温来确定日投喂量，根据"四看"原则进行调整。

（4）定质　就是要求饲料"精而鲜"，"精"要求饲料营养全面、加工精细、大小合适，"鲜"要求投喂的饲料必须保持新鲜清洁，没有变质、不含有毒成分，而且要在水中稳定性好，适口性好。

（5）定人　就是有专人进行投喂。

三、 驯食

鱼的驯食就是训练鱼养成成群到食台摄食配合饲料的习惯。驯食可以提高人工饲料的利用率，增加鱼的摄食强度，使成鱼的捕捞、鱼病防治工作更加简单有效。如果池塘投放的鱼规格较大，在苗种阶段进行过驯食，再进行驯食比较容易；如果投放的鱼规格较小，苗种阶段可能没有进行过驯食，应尽早训练。

第五节　预防浮头

精养鱼池由于池水有机物多，所以耗氧量大，当水中溶氧降低到一定程度（一般1毫克/升左右），鱼类就会因水中缺氧而浮到水面，将空气和水一起吞入口内，这种现象称为浮头。浮头是鱼类对水中缺氧所采取的"应急"措施，这几乎是所有养鱼的人的共识，但是造成池塘里的鱼浮头的原因远远不是这么简单的。本节就将我们在池塘养殖中见到的浮头现象以及采取的措施作为综述并归类，以供广大养殖户在生产上参考。

一、　鱼浮头的原因及对策

1. 水瘦引起的浮头

4～5月的池塘常常出现这种情况。精养高产鱼塘经过多年养殖，通常会在池底淤积一层较厚的底泥，如果在冬季不及时清整，厚厚的淤泥中便会隐藏大量浮游生物及虫卵。当开春后，池塘里的水温回暖，在用生石灰消毒和有机肥施肥后，这些虫卵很快被激活。当温度适宜时，虫卵就会大量繁殖。这些浮游生物需要大量的氧气来满足其生长发育所需，因此会导致池塘中的呼吸耗氧量大大增加。另外，池塘里具有造氧功能的浮游植物被浮游动物一天天所捕食，造成池水很快变瘦，水色呈现灰白色或浅棕色。池塘里的鱼就表现出浮头现象，时间一长，就会直接影响鱼的摄食和生长。只不过由于此时水温不是很高，浮头症状也不是很明显，所以往往被人们忽视而造成事故。相应的处理对策为：

① 用杀虫药如敌百虫杀灭过多的虫体，从而抑制浮游动物数量，减少池塘的呼吸耗氧量。

② 用相应药物如底改净、底改王等改底调水的药物强化改底，目的是加速底泥氧化速度，降低耗氧因子。

③ 在池塘养殖早期，当水位达到1米以上时，多拉几次空网，目的是搅动底泥，让底泥中的藻类释放出来，然后使用益生菌及生物复合肥料

等保证前期藻类繁殖所需营养，促进有益藻类的快速发育，通过光合作用来为水体提供氧气。

2. 水肥引起的浮头

这是养殖户都认同的一种浮头，也是在养殖生产上最常遇见的浮头现象，当然也是最危险的浮头。

由于在养殖前期施入大量没有完全腐熟甚至未经发酵的粪肥，加上过厚的淤泥及饲料残渣的堆积，到了夏季水温大幅上升后，肥料及有机堆积物开始发酵分解，池水变得很肥，在发酵分解过程中会消耗掉水体中的大量氧气，这时缺氧浮头在所难免。

鱼发生了浮头，还要判断浮头的轻重缓急，以便采取不同的措施加以解救。判断浮头的轻重，可根据鱼类浮头起口的时间、地点、浮头面积大小、浮头鱼的种类和鱼类浮头动态等情况来判别（表4-7）。

表 4-7　鱼类浮头轻重程度判别

浮头时间	池内地点	鱼类动态	浮头程度
早上	中央、上风	鱼在水上层游动，可见阵阵水花	暗浮头
黎明	中央、上风	罗非鱼、团头鲂、野杂鱼在岸边浮头	轻
黎明前后	中央、上风	罗非鱼、团头鲂、鲢鱼、鳙鱼浮头，稍受惊动即下沉	一般
半夜2～3点以后	中央	罗非鱼、团头鲂、鲢鱼、鳙鱼、草鱼或青鱼(如青鱼饲料吃得多)浮头，稍受惊动即下沉	较重
午夜	由中央扩大到岸边	罗非鱼、团头鲂、鲢鱼、鳙鱼、草鱼、青鱼、鲤鱼、鲫鱼浮头，但青鱼、草鱼体色未变，受惊动不下沉	重
午夜至前半夜	青鱼、草鱼集中在岸边	池鱼全部浮头，呼吸急促，游动无力，青鱼体色发白，草鱼体色发黄，并开始出现死亡	泛池

相应的对策为：

① 坚持每年清淤1次，清除池塘内的淤泥及有机物残渣。

② 在饲养管理中，搭设草料框，及时捞除饲草等残渣。

③ 池塘要定期排放陈水，同时补充新水，以增大透明度，改善水质，增加溶氧，使水质保持"肥、活、嫩、爽"。

④ 定期往池塘泼洒硝化细菌、芽孢杆菌等水质改良剂，改善水质。

⑤ 7～15天使用一次水质净化方面的药物或生物型复合肥料，一方面抵制底质细菌，另一方面，抑制老化藻类，促进有益藻类的发育，稳定藻相。

⑥ 高温季节或出现鱼病时，可用生态型消毒剂如高浓度的碘制剂，不仅具有抑菌效果，而且还有净水抑藻、确保水质稳定的作用。

⑦ 发生浮头时应及时采取增氧措施，增加水体中的溶氧，必须强调指出，由于池塘水体大，用水泵或增氧机的增氧效果比较差。浮头后开机、开泵，只能使局部范围内的池水有较高的溶氧，此时开动增氧机或水泵加水主要起集鱼、救鱼的作用。因此，水泵加水时，其水流必须平水面冲出，使水流冲得越远越好，以便尽快把浮头鱼引集到这一路溶氧较高的新水中以避免死鱼。在抢救浮头时，切勿中途停机、停泵，否则会加速浮头死鱼。一般开增氧机或水泵冲水需待日出后方能停机、停泵。

3. 转水引起的浮头

这种浮头通常发生在养殖中后期，往往被养殖户误认为是水太肥而造成的。

这种浮头是有前兆的，首先是池水繁殖出大量的鱼不爱吃的蓝绿藻，这时的水色呈蓝绿或暗绿色；其次是在池塘的下风处漂浮一层有机浮膜，可闻到腥臭味。一旦遇到合适的条件，例如遇到天气突变或其他原因，池塘表面的蓝绿藻就会迅速老化死亡并下沉到池塘底部。全池溶氧很低，而有毒物质却显著增加，极易造成池塘死鱼。如果我们看到鱼池中有这些现象，说明池塘很快就要"转水"或水质败坏，如不及时抢救，将发生严重浮头、泛塘甚至绝产。

这种浮头是非常危险的，其主要原因是在于这种池塘的底部都会积累大量硫化氢、甲烷、氨氮等有害气体，在发生浮头的同时往往可能伴随着中毒现象。

对策：

① 勤巡塘观察，尤其是要在下风口检查，当发现池水有转水现象时要立即用除藻类药物来杀灭有害藻类，两天后再用水体解毒剂来进行解毒，然后再进行肥水。

② 一旦池塘已经发生了转水，要双管齐下，一方面排去底层水，另一方面灌注新鲜水，确保换水量1/4～1/3左右。当换水结束后，施用生物复合肥，尽快使水肥起来。

③ 在前面工作做好后，要适当延长增氧机的开机时间，尤其是在清晨要多开机，增加底泥的氧化能力，有效排除有害气体。

④ 通常池鱼窒息死亡后，浮在水面的时间不长，即沉于池底。根据渔民经验，泛池后一般捞到的死鱼数仅为全部死鱼数的一半左右，即还有一半死鱼已沉于池底。为此，应待浮头停止后，及时拉网捞取死鱼或人下水摸取死鱼。

4. 天气变化引起的浮头

这种浮头现象虽然比较常见，但并没有引起养殖户的足够重视，希望以后广大养殖户对此有所关注。

发生浮头的天气有两种情况：①在夏天晴天傍晚雷阵雨或者刮冷风时，池水上、下层会发生对流现象，溶氧高的表层水下沉，偿还氧债；而严重缺氧的底层水上浮，在上浮的过程中会夹杂各种有害气体甚至底部的沉渣，结果造成全池性缺氧，从而引起浮头；②连续阴雨天气，尤其是在梅雨季节，较长时间的低温寡照，造成池塘里的浮游植物活动能力下降，光合作用变得微弱，水中溶氧得不到足够补充，而池塘里的鱼类及其他水生生物的呼吸作用却照常进行，从而造成水中的溶氧入不敷出，引起浮头。

对策：

① 在养殖过程中，要养成注意收听天气预报的好习惯。如果预报天气连绵阴雨，则应根据预测浮头技术，在鱼类浮头之前开动增氧机，改善溶氧条件，防止鱼类浮头。在夏季如果气象预报傍晚有雷阵雨，则可在晴天中午开增氧机。

② 遇有阴雨闷热天气，下午应少投饵或不投饵，因为这时鱼的摄食欲望也降低，可能有一些饵料并没有被完全吃完，会发酵造成溶氧的消耗。

③ 加强夜间巡塘，在闷热天气或夜间发现有浮头现象时，要立即使用准备好的专用增氧化学物品为池塘增加溶氧。同时施用抗应激产品，次日凌晨要开动增氧机或冲水。

④ 当发生泛池时，池边严禁喧哗，人不要走近池边，也不要去捞取死鱼，以防浮头鱼受惊死亡。只有待开机开泵后，才能捞取个别未被流水收集而即将死亡的鱼，可将它们放在溶氧较高的清水中抢救。

5. 鱼类及其他水生生物密度过大引起的浮头

这种浮头现象也往往被养殖户所忽略。造成这种浮头主要是两方面的原因：①投放鱼种时缺乏统筹安排，放的鱼种太多了；②有些缺乏经验的养殖户在注水时没有设置过滤网或过滤网网目不合适，或是过滤网损坏没有及时更新，导致各种野杂鱼及虫卵一并入池，造成池中生物密度过大。当高温季节到来时，水中氧气溶解度随水温升高而降低，而鱼类和其他水生生物的呼吸强度却随之加强。在这种氧气入不敷出的情况下，浮头就在所难免了。

对策：

① 在池塘养殖之初，就要根据具体情况统筹安排放养密度，如果密度过高，就要及时分塘。

② 在向池塘注水时要在进水口设置网目合适的筛绢滤水口袋，避免野杂鱼及虫卵入池。

③ 定期用生石灰、三氯异氰尿酸粉等对池塘进行清塘消毒，既能调节水质，又能杀灭过多的野杂鱼和其他水生生物，必要时用杀虫剂杀灭过多的浮游动物。

6. 氨氮中毒引起的浮头及"暗浮头"

这种浮头现象虽然常见，但是养殖户却常常误判为疾病，最明显的就是按烂鳃病来治疗，从而延误了浮头的解救。

养鱼池塘的氨氮中毒原因很多，例如施用化肥过量，也会造成水中氨氮超标，常常会出现鱼类上浮、不吃食，从而引起浮头。另外在养殖的中期及天气晴朗时，池塘表层溶氧过饱和而底层溶氧不足，鱼类就会出现上浮水面，甚至伴随出现应激性烂鳃，这就是俗称的"暗浮头"。发生暗浮头时，鱼类行动迟缓，摄食欲望不强，时间久了也会致死。

对策：

① 发生暗浮头时切勿盲目加水，应从调整水质入手，使用降低水体的氨氮等有害物质的药物，全池泼洒。

② 用水体解毒剂来及时解毒，同时在夜间全池泼洒速效增氧的药品，增加水体溶氧。

③ 应激性烂鳃出现时，用高效的含碘制剂等刺激性小的药物做抑菌处理，切勿用强刺激性药物，否则死亡会加大。

7. 寄生虫病害引起的上浮

这种浮头并不常见，即使发生了，养殖户一般都会以为是寄生虫感染，也会按照"先杀虫、后治病"的方针来处理。

这种浮头的表现是鱼类成群结队上浮到水面漫游，有时候鱼有打旋症状，其中草鱼最为明显。镜检鳃片时，会发现鳃片上寄生大量寄生虫或原生动物。由于鳃丝受到影响，导致鱼类呼吸受到影响，于是就会上浮水面。

对策：

① 使用高效低刺激的杀虫药1~2次，将鱼类鳃片上的寄生虫杀灭。

② 用含碘制剂进行消毒，减少寄生虫脱落后鳃片发炎而可能导致的其他疾病的发生。

8. 饥饿引起的上浮

这种浮头只要养殖户加强管理就可以解决，基本上对鱼类没有太大的死亡威胁，只是会引起鱼类消瘦。

这种上浮现象主要发生在鲢鱼、鳙鱼、鲮鱼等肥水鱼身上，表现为池塘的水质清瘦，透明度较大，鲢鱼、鳙鱼或鲮鱼等会结群上浮水面觅食，行动敏捷，游泳自如，它们会抢食饲料粉末，甚至会吞食下风口处的有机浮膜。

对策：

① 全池泼洒生物肥料或有益生物菌制剂，加速繁殖浮游生物，满足它们对天然饵料的需求。

② 可投喂鲢鱼、鳙鱼、鲮鱼爱吃的精料。

9. 肝胆综合征引起的上浮

这种上浮并不是浮头，而是一种疾病导致的，对这种疾病比较敏感的鱼是草鱼、鲤鱼。

鱼上浮到水面，活动没有规律，或打旋或钻上钻下，严重的会陆续死亡。对鱼体解剖后可见肝呈白黄斑状，胆肿大，呈暗黑色，是典型的肝胆综合征。

对策：

① 更换较低蛋白质含量的饲料后症状缓解。

② 按照对症下药的原则，重点治疗肝胆综合征。

③ 建议投喂"肝宁康"＋高效VC药饵等药物可防治此病。

10. 污染水或用药量过大引起的浮头

这种浮头现象不多见，只是在污染地区或是疾病严重时乱用药时才会发生。鱼的表现是上浮到水面，同时乱窜乱跳或狂游。

对策：

① 快速引进新水，稀释有害物浓度，同时从底层排出有毒水。

② 泼洒"解毒底改颗粒""水产高效维生素C"解毒，并提高鱼体的免疫力。

③ 合理使用抗应激产品。

11. 区分鱼塘泛池与氨氮中毒

池鱼氨氮中毒是指池塘非离子氮浓度过高，超过鱼类最高生理耐受能力时，使鱼类生长缓慢甚至发生急性死亡。泛池是因为池塘水体中溶氧降低到不能满足鱼类生理上最低需要时，造成鱼类呼吸困难，窒息死亡。由于两者都有鱼类上浮现象，严重时都会造成鱼类的死亡，因此许多养殖户并不能正确辨别两者的不同，导致不能及时采取科学的防治措施，从而造成一定的损失。

我们可以从以下几个方面进行区别：

① 发生时间不同。池鱼氨氮中毒多发生在连续晴天，并多在午后，死鱼现象白天、夜晚都可发生。

泛池死鱼多发生在夏季高温季节，特别是连续低气压闷热天气、连绵阴雨天气最易发生，并多发生在半夜到清晨这段时间里。泛池与池水肥瘦、放养密度有关，水越肥鱼越密，则泛池程度也越重。

② 鱼类的表现不同。发生氨氮中毒的池塘，鱼先是呼吸急促，乱游乱窜，有时浮出水面，继而呼吸减缓，鱼体仰浮，不久即死亡。

而泛池则表现为池鱼分散于全池浮头，嘴一张一合，直接从空气中吸取氧气，严重时在池塘浅水处浮头的鳊鱼、草鱼慢慢地肚皮往上翻，又挣扎着保持平衡，如此反复几次就肚皮朝上死亡。

③ 死鱼种类不同。池鱼氨氮中毒时，不分鱼的大小和种类，都可引起部分死亡。而泛池引起的死亡则以鳊鱼、草鱼、鲢鱼、鳙鱼较为常见，鲤鱼、鲫鱼、罗非鱼很少死亡，泥鳅、黄鳝极少死亡。

④ 防治方法不同。易发生氨氮中毒的池塘，高温季节不可施用氮肥，

炎热天气需要经常加注新水，同时宜用有机肥作基肥和追肥。

而泛池的防治方法可以从三个方面入手，即降低水体耗氧速度、改良水质和提高水体溶氧浓度。

二、 增加溶氧预防浮头

1. 淡水鱼类对氧气的要求

渔谚有"白天长肉，晚上掉膘"的说法，是十分形象化的解说。就是说在精养池塘里，白天在人工投喂饲料的条件下，鱼可以吃得好、长得壮，但是由于密度大，以及其他有机耗氧量也大，导致水体里氧气不足，这时鱼就会消耗自身的营养储备。这就说明水体里的溶氧对淡水鱼的增养殖非常重要。

我国渔业水质标准规定，一昼夜 16 小时以上水体的溶氧必须大于 5 毫克/升，其余任何时候的溶氧不得低于 3 毫克/升。我国湖泊、水库等大水体的溶氧平均检测值大多在 7.0 毫克/升以上。特别是在水库中，由于库水经常交换及不同程度地流动，所以库水的溶氧充足、稳定而且变化小，分布也较均匀，这已成为水库溶氧的特点。故对于湖泊、水库等大水面，溶氧并不是养鱼的主要问题；而对于池塘等静水小水体，溶氧的多少往往是鱼类生长的主要限制因子。

2. 池塘溶氧的补给与消耗

（1）池塘溶氧的补给　池塘溶氧的补给来源主要是依靠水生植物光合作用所产生的氧气以及大气的自然溶入，如果池塘还缺氧的话，那就必须依靠其他外源性氧气的补充，如池塘换水的增氧作用、增氧机的增氧作用或化学药品的放氧作用。在精养鱼池中，浮游植物光合作用产生大量的氧气，在水温较高的晴天，池水中浮游植物光合作用产氧量占一昼夜溶氧总收入的 90％左右。因此，可以这样说，在养殖时最经济、最高效的溶氧还是来自池塘内部浮游生物的光合作用，当然光合作用产生的氧气量受光照强度、水温的影响。

大气中氧气在水中溶解量的大小主要受空气和水体的流动、水温、盐度、大气压等影响而变化，主要表现为：①随着水温的升高而下降；②随着盐度的增加呈指数下降；③大气压降低，溶氧减少；④水体流动性增强，溶氧增加；⑤空气流动性增强，水中溶氧增加。但总的来说，大气中扩散溶入水中的氧气是很少的，仅占10%左右，特别是在静水中，大气中的氧气只能溶于水的表层，而且大气中的氧气溶入池塘水中，主要在表层溶氧低的夜间和清晨进行。

在光照很好的白天，水生植物光合作用产生的氧气通常使上层水体的溶氧达到过饱和，此时即使开动增氧机也不能使空气中的氧气溶解于水体之中。此时开动增氧机的作用是使上下水层的溶氧进行调和。白天池塘底层溶氧较低、上层水体的溶氧因水生植物的光合作用产生的氧气而通常处于过饱和状态。这样，在白天的下午适当开1～3小时的增氧机使上下水层的溶氧进行调和是非常必要的，而在太阳下山后的傍晚为了避免水中的氧气溢出切忌开动增氧机。

（2）池塘溶氧的消耗　池塘溶氧的消耗主要是三部分。①水中浮游生物的呼吸作用，例如在没有光线的夜间水草和浮游植物不但不再进行光合作用，而且需要呼吸氧气来维持生命的活动，还有我们所养殖的淡水鱼（包括虾蟹）的呼吸作用，也是需要以消耗氧气为代价的，鱼类耗氧量并不高，在水温30℃时，鱼类耗氧量占一昼夜总支出的20%左右。②水中有机物在细菌的作用下进行的氧化分解过程，这种氧化分解是需要消耗大量的氧气的，俗称"水呼吸"，据科研人员研究，这种耗氧要占一昼夜溶氧总支出的70%以上。另外还有池塘底部淤泥的耗氧，塘泥的理论耗氧值虽高，但由于池塘下层水缺氧，故实际耗氧量很低，绝大部分理论耗氧值以氧债形式存在。塘泥的实际耗氧量与底层水的溶氧条件呈正相关。③从水面表层自然散逸出去的氧气，尤其是在晴天白天约在11:00～17:00，上层过饱和溶氧向空气逸出的数量占一昼夜溶氧总支出的10%左右。

3. 溶氧对鱼类的影响

（1）溶氧的作用　就像水对人的重要性一样，氧气是鱼类赖以生存的首要条件。对于湖泊、水库、河流以及粗养的鱼池等水体，一般不存在缺氧问题。但对于池塘尤其是精养鱼塘来说，在池塘的生态系统中，水中溶氧的多少是水质好坏的一项重要指标。在正常施肥和投饵的情况下，水中的溶氧量不仅会直接影响鱼类的食欲和消化吸收能力，而且溶氧关系到好气性细菌的生长繁殖。在缺氧情况下，好气性细菌的繁殖受到抑制，从而导致沉积在塘底的有机物（动植物尸体和残剩饵料等）为厌气性细菌所分解，生成大量危害鱼类的有毒物质和有机酸，使水质进一步恶化。充足的溶氧量可以加速水中含氮物质的硝化作用，使对鱼类有害的氨态氮、亚硝态氮转变成无害的硝态氮，为浮游植物所利用，促进池塘物质的良性循环，起到净化水质的作用。

因此必须通过各种途径来及时补充水体里的溶氧，以满足鱼类的需求。这些途径有换水、机械增氧、化学增氧等方法。

（2）淡水鱼对溶氧量的具体需求　鱼类对氧的需求在不同的种类和同种鱼不同生长发育阶段有很大的差异。根据对溶氧的需求量的大小，淡水鱼类可以分为四个类群：①需氧量极高的鱼类，如鲑、鳟鱼类，主要生活在急流、冷水环境中，水体中溶氧要求在 6.5～11 毫克/升（在 3 毫克/升时就会出现窒息死亡）；②需氧量高的鱼类，如白甲鱼和一些鉤属鱼类，水中溶氧要求在 5～7 毫克/升，一般生活在江河流水环境中；③需氧量较低的鱼类，如四大家鱼，水体中溶氧要求在 4～5.5 毫克/升以上，一般生活在静水或流水中；④需氧量低的鱼类，如鲤鱼、鲫鱼和一些热带鱼，它们可以在 0.5～1.0 毫克/升溶氧的水环境中存活。对于同种鱼类的不同生长发育阶段，其对溶氧的需求量一般是鱼苗大于鱼种、鱼种大于成鱼。

就我国养殖的主要淡水鱼来说，对低氧的忍耐能力还是很强的，池塘里的溶氧保持在 4～5.5 毫克/升以上，才能正常生长，溶氧下降到 1 毫克/升左右就会引起浮头，在 0.5～0.7 毫克/升以下则引起鱼类浮头和泛塘，最终窒息死亡。如果水体里的溶氧长期低于 3 毫克/升水平，即使没有浮头现象，鱼类生长也会受到不同程度的抑制。因此，尽管池塘内饵料比湖泊、水库丰富，但鱼类的生长却比湖泊、水库等大型水体慢得多。其主要原因是池塘溶氧条件差，特别是夜间的溶氧条件恶化，鱼类生长受到抑制。

（3）鱼对缺氧的反应　淡水鱼类对水体中缺氧的生理反应最先表现为呼吸频率加快，再表现为向高溶氧水域迁移（如进水口、增氧机旁等）或游到水面呼吸空气中的氧气，这种现象就叫作浮头，如果缺氧问题没有得到改善，再进一步恶化时，那就是泛塘了，会直接导致鱼体窒息死亡。

非常值得重视的是，当养殖鱼类出现"浮头"时，鱼体实际上已经处于严重缺氧状态了，而很多养殖户以养殖鱼类是否出现"浮头"作为缺氧与否的指标，这显然是不合适的，如果长期如此，鱼类的生长就会受到严重的影响，表现为饲料消耗率高、转化率低、鱼类生长缓慢。在判断鱼类浮头时，我们可以将野杂鱼出现浮头作为轻度缺氧，鲢鱼浮头作为中度缺氧，鳙鱼浮头作为重度缺氧，鲤鱼、鲫鱼浮头作为严重缺氧的定性判别指标。在野杂鱼出现浮头时就必须开动增氧机增氧，而当鲤鱼、鲫鱼出现浮头时就已经出现泛池、大量死鱼了。

（4）氧气过多对鱼类的影响　并不是水体中的溶氧越多越好，虽然鱼池中过饱和的氧气一般对鱼类没有多大危害，但饱和度很高有时会引起鱼类发生气泡病，尤其是在鱼苗培育阶段或长期被明冰冰封的鱼种，更易得此病。

总之，池塘水中溶氧量的高低是池塘水质的主要指标。溶氧在加速池塘物质循环、促进能量流动、改善水质等方面起重要作用。池塘有机物分解成简单的无机盐，主要依靠好气性微生物，而好气性微生物在分解有机物的过程中要消耗大量氧气。在精养鱼池这种特定条件下，溶氧已成为加速池塘物质循环、促进能量流动的重要动力。因此，在养鱼生产中，改善池水溶氧条件，是获得高产稳产的重要措施。而改善水质必须紧紧抓住池塘溶氧这个根本问题。所以养鱼池塘水质调控的重要内涵就是改善水中的溶氧条件。这就要根据溶氧的变化规律和影响溶氧变化的各种因素，设法改善池塘氧气条件，只有这样才能保持水质良好，促进池鱼高产稳产。

4. 改善池塘水体的溶氧

改善池塘溶氧条件应从增加溶氧和降低池塘有机物耗氧两个方面着手，可采取以下措施：

（1）增加池塘溶氧条件

① 保持池面良好的日照和通风条件。

② 适当扩大池塘面积，以增大空气和水的接触面积。

③ 施用无机肥料，特别是施用磷肥，以改善池水氮磷比，促进浮游植物生长。

④ 及时加注新水，以增加池水透明度和补偿深度；经常及时地加水是培育和控制优良水质必不可少的措施，对调节水体的溶氧和酸碱度是有利的。对精养鱼池而言，合理注水有 4 个作用：首先是

增加水深，提高水体的容量；其次是增加池水的透明度，有利于鱼类的生长发育；再次是能有效地降低藻类（特别是蓝藻、绿藻类）浓度；最后就是通过注水能直接增加水中溶氧，促使池水垂直、水平流转，解救或减轻鱼类浮头并增进其食欲。平时每2周注水1次，每次15厘米左右；高温季节每4～7天注水1次，每次30厘米左右；遇到特殊情况，要加大注水量或彻底换水。总之，当水体颜色变深时就要注水。

⑤ 适当泼洒生石灰。使用生石灰，不仅可以改善水质，而且对防治鱼病也有积极作用。一般每亩用量20千克，用水溶化后迅速全池泼洒。

⑥ 合理使用增氧机，特别是应抓住每一个晴天，在中午将上层过饱和氧气输送至下层，以保持溶氧平衡。

目前，随着养鱼事业的发展，增氧机的使用已经十分普遍，人们对增氧机能抢救池鱼浮头、改良水质、提高鱼产量和养殖经济效益的作用已予以了肯定，但怎样科学合理地使用增氧机，充分发挥增氧机的效能并不是人人了解得十分清楚。使用增氧机对池塘水体进行增氧是改善池塘水质、底质、提高池塘生产能力最为有效的手段之一。增氧机增氧的基本原理是通过机械对水体的搅动增加水体与空气的接触表面积，使更多的氧气进入水体之中，同时，由于水体的搅动增加了氧气在不同水层的分布，使不同区域的水质有混匀的作用。

增氧机具有增氧、搅水和曝气等3个方面的功能。在池塘养鱼中，高产鱼塘必须使用增氧机，可以这样说，增氧机是目前最有效的改善水质、防止浮头、提高产量的专用养殖机械之一。目前我国已生产出喷水式、水车式、管叶式、涌喷式、射流式和叶轮式等类型的增氧机，从改善水质、防止浮头的效果看，以叶轮式增氧机最为合适，增氧效果最好，在成鱼池养殖中使用也最广泛。据水产专家试验表明，使用增氧机的池塘净产增长14%左右（图4-8）。

（2）降低池塘有机物耗氧

① 根据季节、天气合理投饵施肥，减少不必要的饲料溶失在水里腐烂，从而可以有效地防止鱼类浮头。

② 根据鱼类生长情况，及时轮捕出一部分达到商品规格的成鱼，既可以快速流转资金，又能降低池塘载鱼量，减少水体的耗氧总量。

③ 每年需清除含有大量有机物质的塘泥，这就可以大量减少淤泥所

图 4-8　增氧机

消耗的氧气。

④ 采用水质改良机在晴天中午将池底塘泥吸出作为池边饲料地的肥料，既降低了池塘有机物耗氧，又充分利用了塘泥；也可将吸出的塘泥喷洒于池面，利用池水上层的氧盈及时降低氧债，保持溶氧平衡。

⑤ 有机肥料需经发酵后在晴天施用，以减少中间产物的存积和氧债的产生。

5. 常用增氧机的种类

由于不同的生产厂家设计的理念有差别，造成目前市场上设计生产出的增氧机产品类型也比较多，其特性和工作原理也各不相同，增氧效果差别较大，适用范围也不尽相同，生产者可根据不同养殖系统对溶氧的需求，选择合适的增氧机以发挥良好的经济性能。

（1）叶轮式增氧机　具有增氧、搅水、曝气等综合作用，是目前应用最多的增氧机，增氧能力、动力效率均优于其他机型，但是运转噪声较大，一般用于水深 1 米以上的大面积的池塘养殖。

（2）水车式增氧机　具有良好的增氧及促进水体流动的效果，适用于淤泥较深，面积 $1000\sim2540$ 米^2 的池塘使用。

（3）射流式增氧机　其增氧动力效率超过水车式、充气式、喷水式等形式的增氧机，其结构简单，能形成水流，搅拌水体。射流式增氧机能使水体平缓地增氧，不损伤鱼体，适合鱼苗池增氧使用。

（4）喷水式增氧机 具有良好的增氧功能，可在短时间内迅速提高表层水体的溶氧量，同时还有艺术观赏效果，适用于园林或旅游区养鱼池使用。

（5）充气式增氧机 水越深效果越好，适合于深水水体中使用。

（6）吸入式增氧机 通过负压吸气把空气送入水中，并与水形成涡流混合把水向前推进，因而混合力强。它对下层水的增氧能力比叶轮式增氧机强，对上层水的增氧能力稍逊于叶轮式增氧机。

（7）涡流式增氧机 主要用于北方冰下水体增氧，增氧效率高。

（8）增氧泵 因其轻便、易操作及单一的增氧功能，故一般适合水深在 0.7 米以下，面积在 0.6 亩以下的鱼苗培育池或温室养殖池中使用。

随着渔业需求的不断细化和增氧机技术的不断提高，还不断出现了许多新型的增氧机，诸如涌喷式增氧机、喷雾式增氧机等多种规格的增氧机。

6. 增氧机的作用

在高产池塘里合理使用增氧机，在生产上具有以下作用：

（1）促进池塘内物质循环的速度，能充分利用水体 开动增氧机可增加浮游生物 3.7～26 倍，绿藻、隐藻、纤毛虫的种类和数量显著增加。

（2）增氧作用 增氧机可以使池塘水体溶氧 24 小时保持在 3 毫克/升以上，16 小时不低于 5 毫克/升。据测定，一般叶轮式增氧机每千瓦•时能向水中增氧 1 千克左右。如负荷水面小，例如 1～1.5 千瓦/亩时，解救浮头的效果较好。在负荷面积较大时，可以使增氧机周围保持一个较高的溶氧区，将浮头的鱼吸引到周围，达到救鱼的目的。在浮头发生时，开启增氧机，可直接解救浮头，防止池塘进一步恶化为泛池。

（3）搅水作用 叶轮式增氧机有向上提水的作用，白天可以借助机械的力量造成池水上下对流，使上层水中的溶氧传到下层去，增加下层水的溶氧。而上层水在有光照条件下，通过浮游植物的光合作用可继续向水中增氧。这样不仅可以大大增加池水的溶氧量，减轻或消除翌日晨浮头的威胁，而且有利于池底有机物的分解。因此，科学开启机器，能有效地预防浮头，稳定水质。

（4）曝气作用 增氧机的曝气作用能使池水中溶解的气体向空气中逸

出，会把底层在缺氧条件下产生的有毒气体，如硫化氢、氨、甲烷等加速向空气中扩散。中午开机也会加速上层水中高浓度溶氧的逸出速度，但由于增氧机的搅水作用强，液面更新快，这部分逸出的氧量相对并不高，大部分溶氧通过搅拌作用会扩散到下层。

（5）可增加鱼种放养密度和增加投饵施肥量，从而提高产量　在相似的养殖条件下，使用增氧机强化增氧的鱼池比对照池可净增产 13.8%～14.4%，使用增氧机所增加的成本不到因溶氧不足而消耗饲料费用的 5%。

（6）有利于防治鱼病　尤其是预防一些鱼类的生理性疾病效果更显著等。

因此，增氧机增加水中溶氧后，可以提高放养密度，增加投饵施肥量，从而增加产量、节约饲料、改善水质、防治鱼病；增氧机运行时间越长越好，更能发挥增氧机的综合功能，增加放养密度，提高单产。

7. 增氧机的配备及安装

确定装载负荷一般考虑水深、面积和池形。长方形池以水车式最佳，正方形或圆形池以叶轮式为好；叶轮式增氧机每千瓦动力基本能满足 3.8 亩水面成鱼池塘的增氧需要，4.5 亩以上的鱼池应考虑装配两台以上的增氧机。

一般来说，亩产 500 千克以上的池塘均需配备增氧机，配备增氧机的参考标准为：亩产 500～600 千克每亩配备叶轮式增氧机 0.15～0.25 千瓦；亩产 750～1000 千克每亩配备叶轮式增氧机 0.25～0.33 千瓦；亩产 1000 千克以上每亩配备叶轮式增氧机 0.33～0.50 千瓦。无增氧机鱼产量的极值为：亩产 500～750 千克。

增氧机应安装于池塘中央或偏上风的位置。一般距离池堤 5 米以上，并用插杆或抛锚固定。安装叶轮式增氧机时应保证增氧机在工作时产生的水流不会将池底淤泥搅起。另外，安装时要注意安全用电，做好安全使用保护措施，并经常检查维修。

8. 增氧机使用的误区

虽然增氧机已经在全国各地的精养鱼池中得到普及推广，但是不可否认，还有许多养殖户在增氧机的使用上很不合理，还是采用"不见兔子不撒鹰，不见浮头不开机"的方法，把增氧机消极被动地变成了"救鱼机"，只是在危急的情况下救鱼，而不是用在平时增氧养鱼。还有一个误区就是增氧机的使用时间短，每年只在高温季节使用，平时不使用，从而导致增氧机的生产潜力没有充分发挥出来。

9. 科学使用增氧机

增氧机一定要在安全的情况下运行，并结合池塘中鱼的放养密度、生长季节、池塘的水质条件、天气变化情况和增氧机的工作原理、主要作用、增氧性能、增氧机负荷等因素来确定运行时间，做到发挥作用而且不浪费。

（1）开机时间上要科学　正确掌握开启增氧机的时间，需做到"六开三不开"。"六开"：①晴天时午后开机；②阴天时次日清晨开机；③阴雨连绵时半夜开机；④下暴雨时上半夜开机；⑤温差大时及时开机；⑥特殊情况下随时开机，例如出现有浮头迹象立即开机，防止浮头或泛塘发生。"三不开"：①早上日出后不开机；②傍晚不开机；③阴雨天白天不开机。

（2）运转时间上要科学　半夜开机时长，中午开机时间短；天气炎热开机时间长，天气凉爽开机时间短；池塘面积大或负荷水面大开机时间长，池塘面积小或负荷水面小开机时间短。

（3）最适开机时间和长短　要根据天气、鱼的动态以及增氧机负荷等灵活掌握。池塘载鱼量在 500 千克/亩的池塘在 6～10 月生产旺季，每天开动增氧机两次：下午 13～14 点开 1～2 小时，凌晨 1～8 点开 5～6 小时。鱼类主要生长季节坚持每天开机几个小时。

由于池塘水体大，用水泵或增氧机的增氧效果比较差。浮头后开机、开泵，只能使局部范围内的池水有较高的溶氧，此时开动增氧机或水泵加水主要起集鱼、救鱼的作用。因此，水泵加水时，其水流必须平水面冲出，使水流冲得越远越好，以便尽快把浮头鱼引集到这一路溶氧较高的新水中以避免死鱼。

在抢救浮头时，切勿中途停机、停泵，否则会加速浮头死鱼。一般开增氧机或水泵冲水需待日出后方能停机、停泵。

（4）定期检修　为了安全作业，必须定期对增氧机进行检修。电动机、减速箱、叶轮、浮子都要检修，对已受到水淋侵蚀的接线盒，应及时更换，同时检修后的各部件应放在通风、干燥的地方，需要时再装成整机使用。

第六节　池塘管理

"三分养，七分管"，这就充分说明了池塘管理尤其是水质管理在池塘养鱼中的重要作用。只有管理到位，才能将养鱼的物质条件和技术措施发挥出来，才能最终获得高产、高效的结果。所以渔谚所说的"增产措施千条线，通过管理一根针"，是十分形象化的比喻，说明饲养管理是池塘成鱼稳产高产的根本保证。

一、 池塘管理的重中之重

在池塘养鱼的管理中，有两个方面是重中之重：一个是投饵，要让鱼吃好吃饱才能长肉，才能使鱼产量高；另一个就是水质，只有水好了，鱼才能生活，才能吃食，才能获得高产。

1. 投饵

"长嘴就要吃"，鱼也是一样。我们在池塘养鱼时，一定要多途径解决养鱼饲料：一是充分利用屋边、塘边、池埂的一切空坪隙地，种植青饲料，扩大青饲料来源；二是建成利用鸡粪养猪，猪、鸭粪养鱼，塘泥肥田、种菜、种草的生物链条，做到水中有鱼、水上有鸭，栏中有猪、鸡的生态立体式渔业模式；三是积极推广配合饲料养鱼，最大限度发挥水体效益。

在池塘养鱼中，具体的"四看五定"投饵技术在前文已经讲述，这里不再赘述。

2. 水质

鱼类在池塘中的生活、生长情况是通过水环境的变化来反映的，各种养鱼措施也都是通过水环境作用于鱼体的。池塘是个小的生态环境，加上面积相对较小，一旦水质发生问题，将会对养鱼造成不可弥补的损失，因此一定要将水质管理到位。渔谚有"养好一池鱼，首先要管好一池水"的说法，这是渔民的经验总结。至于池塘水质的"肥、活、嫩、爽"的要求，在前文已经讲述，这里不再赘述。

3. 改善水质的措施

首先是科学使用水质改良机。水质改良机是一机多用型渔业机械，使用效率比较高，具有抽水、吸出塘泥向池埂饲料地施肥、使塘泥喷向水面、喷水增氧、搅水、曝气、改善水质以及解救浮头等功能，能有效地改善池塘溶氧条件和提高池塘生产力。

为了保持池塘良性循环的生态系统，必须减少池底的塘泥数量，同时也要降低塘泥中的氧债。池塘中的淤泥，是由死亡的生物体、粪便、残饵和有机肥料等不断沉积，加上泥沙混合而成。池底适当的淤泥为 10 厘米左右，过多的淤泥必须及时清除。在鱼类主要生长季节，每月吸一次塘泥，将吸上来的塘泥作为塘边饲料地的肥料，广种青绿饲料，同时在生长季节每隔 5～7 天喷一次塘泥。

其次是积极注水。注水可以改善水质和起到直接增氧的作用，是改善水质的重要措施之一。生产实践表明，凡亩产 750 千克以上的鱼塘，每月要求注水 5 次以上，亩产 1000 千克以上的，每月注水 7 次以上，当池水变浓、鱼的食欲不振、透明度在 25 厘米以下时，表示池水已变坏，就要及时注换部分新水。

再次是及时增氧。使用增氧机改善水质，是实现养鱼高产的有效途径。凡亩产 750 千克以上的鱼塘，都要求安装增氧机，增氧机具有增氧、搅水和曝气作用。实践证明，晴天中午开增氧机能通过增氧机搅动，把表层过饱和的溶氧与底层水混合，增大了池塘溶氧的储备量，对避免次日清晨鱼类缺氧浮头和加速底部有机物的分解、促进浮游生物生长有良好作用。

最后就是施生石灰进行水质改良。施用生石灰是提高池水总硬度、中和酸性和稳定 pH 值的有效方法。

二、 池塘管理的主要内容

池塘养鱼技术较复杂，牵涉到气象、水质、饲料、鱼的活动情况等因素，这些因素相互影响，并时时互动。池塘养鱼时，要求养鱼者全面了解生产过程和各因素之间的联系，细心观察，积累经验，摸索规律，根据具体情况的变化采取与之相适应的技术措施，控制池塘的生态环境，实现稳产高产。

1. 建立养殖档案

养殖档案是有关养鱼各项措施和生产变动情况的简明记录，作为分析情况、总结经验、检查工作的原始数据，也为下一步改进养殖技术、制订生产计划作参考。要实行科学养殖，一定要做到每口池塘都有养殖档案，平时做好池塘管理记录和统计分析。

2. 巡塘

巡塘是养鱼者最基本的日常工作，应每天早中晚各进行1次。清晨巡塘主要观察鱼的活动情况和有无死亡；午间巡塘可结合投饲施肥，检查鱼的活动和吃食情况；近黄昏时巡塘主要检查有无残剩饲料，如有饲料剩余，应调整饲料的投喂量；酷暑季节天气突变时，鱼类易发生浮头，如有浮头迹象，应根据天气、水质等采取相应的措施；还应半夜巡塘，以便及时采取有效措施，防止泛池。如果鱼的习性是在池底活动，但是发现它在水面或池边游动，要检查分析，有死鱼出现也要检查分析，并采取措施。

3. 投喂管理

根据"四看"和"五定"的原则来投喂。饲料台和投食场要经常清扫和消毒，没吃完的饲料当天都要清除掉。每1周要仔细清扫饲料台和投食场1次，捞出残渣，扫除沉积物；每2周要对饲料台和投食场消毒1次，消毒可用生石灰或漂白粉（图4-9）。

4. 定期检查

定期检查鱼的生长情况，是否有疾病发生。定期检查可以做到胸中有数，对制订渔业计划、采取相应措施是很有意义的。

5. 其他管理

其他的池塘管理包括：种好池边的青饲料；合理使用渔业机械，搞好

图 4-9　用投饲机定点投饵

渔机设备的维修保养和用电安全；掌握好池水的注排，保持适当的水位，做好防旱、防涝、防逃工作；做好鱼池清洁卫生和鱼病防治工作。

三、 实行轮捕轮放

轮捕轮放就是分期捕鱼和适当补放鱼种，也就是在密养的水体中，根据鱼类生长情况，到一定时间捕出一部分达到商品规格的成鱼，再适当补放鱼种，以提高池塘经济效益和单位面积鱼产量，这是群众创造的先进养鱼措施。概括地说，轮捕轮放就是"一次放足，分期捕捞，捕大留小，去大补小"。

1. 轮捕轮放的作用

在成鱼池中实行轮捕轮放，作用明显：一是能保证整个饲养期间始终保持池塘鱼类较合理的密度；二是有利于及时将活鱼均衡上市，满足淡季的市场需求，提高社会效益和经济效益；三是有利于鱼体的生长和充分发挥池塘生产潜力；四是及时捕鱼上市可及时回笼资金，有利于加速资金周转，减少流动资金的数量；五是在捕捞部分商品鱼后，有利于后期培育量多质好的大规格鱼种，为稳产、高效奠定基础；六是有利于提高饵料、肥料的利用率。

2. 轮捕轮放的形式

一是捕大留小。即一次放足，分批起捕，捕大留小。在开始投放鱼种时，将不同种类、不同规格的鱼种，一次性放足，当一部分鱼达到上市规格后就分批起捕上市，留下小的继续生长。

二是捕大补小。即分批放养，分批起捕，捕大补小。在开始投放鱼种时，并不要求一定要将鱼种一次性放足，等一部分鱼生长达到上市规格后，立即起捕上市，再补放相同部分鱼种。采用这种方法需有专门的鱼种池配套，也可在本池中套养夏花苗作隔年鱼种。

3. 轮捕轮放的技术

轮捕轮放的一个关键技术要点就是"捕"，为了获得最大的经济效益，可以将捕鱼时间放在市场的淡季，而这个淡季就是炎热的夏天。

在天气炎热的夏秋季节捕鱼，养殖户都称之为捕"热水鱼"。与一般的捕鱼不同，捕"热水鱼"是一项技术性较高的工作，要求操作更细致、更熟练、更轻快。因为夏季水温高，鱼的活动能力强，上窜下跳的能力明显比冬季强，所以捕捞起来比较困难，加上高温时，鱼的新陈代谢能力强，鱼类耗氧量大，不能忍耐较长时间的密集，而捕在网内的鱼又大部分需要回池，如果它们困在网内时间过长，很容易受伤或缺氧闷死。

为了减少伤亡，在捕捞热水鱼时，我们都会选择在水温较低且池水溶氧较高时进行。一般多选择在下半夜至黎明时捕鱼，一方面是水温相对较低，另一方面可以及时供应早市。在捕捞时，如果发现鱼有浮头征兆或正在浮头，不要拉网捕鱼。

捕捞后，要立即向池塘加注新水或开动增氧机，让鱼有一段顶水时间，以冲洗过多黏液，增加溶氧，防止浮头。在白天捕"热水鱼"，一般加水或开增氧机2小时左右即可；在夜间捕"热水鱼"，加水或开动增氧机一般要待日出后才能停泵、停机。

对于一些因人力原因导致拉网起捕困难的地方，可以推广抬网捕鱼。

第五章

池塘其他养鱼方式

第一节　池塘混养淡水鱼

　　池塘套养是我国池塘养鱼的特色，也是提高池塘鱼产量的重要措施之一。在池塘中进行多种鱼类、多种规格的混养，可充分发挥池塘水体和鱼种的生产潜力，合理地利用饵料和水体，发挥养殖鱼类之间的互利作用，降低养殖成本，提高产量。混养是我国池塘养鱼的重要特色。混养不是简单地把几种鱼混在一个池塘中，也不是一种鱼的密养，而是多种鱼、多规格（包括同种不同年龄）的高密度混养。

一、混养的优点

　　混养是根据鱼类的生物学特点，主要是利用它们的栖息习性、食性、生活习性等的差异性，充分运用它们相互有利的一面，尽可能地限制和缩小它们有矛盾的一面，让不同种类和同种异龄鱼类在同一空间和时间内一起生活和生长，从而发挥"水、种、饵"的生产潜力。混养的优点如下：①可以合理和充分利用饵料和水体；②能够发挥养殖鱼类之间的互利作用，获得食用鱼和鱼种双丰收；③对于提高社会效益和经济效益具有重要意义。

二、确定主养鱼类和配养鱼类

　　主养鱼又称主体鱼。它们不仅在放养量（重量）上占较大的比例，而且是投饵施肥和饲养管理的主要对象。配养鱼是处于配角地位的养殖鱼类，它们可以充分利用主养鱼的残饵、粪便形成的腐屑以及水中的天然饵料很好地生长。确定主养鱼和配养鱼，应考虑以下因素：一是市场要求，主养鱼应是池塘获得养殖效益的主要来源，是市场上的主打品种；二是饵料和肥料来源要广泛；三是池塘条件要适合主养鱼的要求；四是主养鱼的鱼种来源要有保证。

三、 池塘混养的原则

我国目前养殖的鱼类，从其生活空间看，可相对分为上层鱼类、中下层鱼类和底层鱼类 3 类。上层鱼类如鲢鱼、鳙鱼，中下层鱼类如草鱼、鳊鱼、鲂鱼等，底层鱼类如青鱼、鲤鱼、鲫鱼、鲮鱼、非洲鲫鱼等。从食性上看，鲢鱼、鳙鱼吃浮游生物和有机碎屑，草鱼、鳊鱼、鲂鱼主要吃草，青鱼主要吃螺、蚬等软体动物，鲤鱼、鲫鱼能掘食底泥中的水蚯蚓、摇蚊幼虫以及有机碎屑（鲤鱼也吃软体动物），鲮鱼、非洲鲫鱼能吃有机碎屑及着生藻类。池塘单独养殖上述鱼类，水体中的空间和饵料生物（如小鱼、小虾等）没有完全利用，完全可以混养其他栖息水层和食性不太相同的鱼。

① 如果套养在主养肉食性鱼类的池塘，对主养鱼类和配养鱼的规格都有一定的要求。配养鱼和主养鱼类同为肉食性鱼类，若两者规格相差较大，都有将对方作为饵料的危险。如果两者同为当年繁殖的鱼种，主养鱼类生长速度快，应当限定其最大规格；如果配养鱼为隔年鱼种，应当限定主养鱼类的最小规格。若主养鱼类为鳜鱼、鲈鱼，当配养鱼下塘时，要求鳜鱼、鲈鱼小于 9 厘米；若主养鱼类为大口鲶、叉尾鮰，当配养鱼下塘时，主养鱼类应不大于 13 厘米。

② 当配养鱼的食性与鲤鱼、鲫鱼、鲮鱼、非洲鲫鱼等基本相同，而且栖息空间也相似时，如果池塘主养这些鱼类，只能套养少量的配养鱼，只要对主养鱼类投喂足量的饲料，并不影响配养鱼的生长。

四、 我国池塘养鱼最常见的混养类型

1. 以草鱼为主养鱼的混养类型

这种混养类型，主要对草鱼（包括团头鲂）投喂草类，利用草鱼、鲂鱼的粪便肥水，产生大量腐屑和浮游生物，养殖鲢鱼、鳙鱼。由于青饲料较容易解决，成本较低，已成为我国最普遍的混养类型。

以草鱼为主养鱼的混养类型的典型代表有珠江三角洲和上海等地，具体放养和收获情况见表 5-1、表 5-2。

表 5-1 以草鱼为主养鱼的池塘每亩的放养收获模式（珠江三角洲）

鱼类	放养			成活率/%	收获		
	规格	数量/尾	重量/千克		规格	毛产量/千克	净产量/千克
草鱼	0.3～0.75 千克	400	200	95	1.5 千克以上	646	446
	0.05～0.1 千克	300	22	90	0.5～0.75 千克	162	140
鳙鱼	0.5～2 千克	60	60	100	1.5 千克以上	180	120
	0.05～0.2 千克	60	9	100	0.5 千克	30	21
鲢鱼	0.05 千克	20	1	100	1.0 千克	20	19
鲮鱼	0.05 千克	1000	50	95	0.15～0.2 千克	152	102
	0.025 千克	800	20	90	0.15～0.2 千克	115.2	95.2
鲤鱼	6 厘米	100	1	70	1 千克	70	69
鲫鱼	4 厘米	150	1	70	0.4 千克	42	41
鳊鱼	6 厘米	100	0.8	70	0.6 千克	42	41.2
青鱼	0.25～0.5 千克	10	4	90	2～3 千克	17.5	13.5
斑鳢	5 厘米	20	0.2	70	0.5 千克	7	6.8
胡子鲶	5 厘米	100	1	60	0.25 千克	15	14
总计			370			1498.7	1128.7

表 5-2 以草鱼为主养鱼的池塘每亩的放养收获模式（上海郊区）

鱼类	放养			成活率/%	收获			净产量/千克
	规格	数量/尾	重量/千克		规格	毛产量/千克		
草鱼	500～750 克	65	40	95	2000 克以上	106		
	100～150 克	90	11	52.5	85	500～750 克	45	164	111.5
	早繁苗 10 克	150	1.5	70	100～150 克	13		
团头鲂	50～100 克	300	22	28	90	250 克以上	68	94	66
	10～15 克	500	6	70	50～100 克	26		
鲢鱼	100～150 克	300	33	33.5	95	750 克以上	170	205	171.5
	夏花	400	0.5	80	100～150 克	35		
鳙鱼	100～150 克	100	13	13	95	1000 克以上	57	72	59
	夏花	150		80	100～150 克	15		
鲫鱼	25～50 克	500	14	15	95	250 克以上	71	87	72
	夏花	1000	1	60	25～50 克	16		
鲤鱼	35 克	30	1	95	750 克以上	21		20
总计			143			643		500

草食性鱼类所排出的粪便具有肥水的作用，肥水中的浮游生物正好是

鲢鱼、鳙鱼的饵料，俗话说"一草养三鲢"，主养草食性鱼类的池塘一般会搭配有鲢鱼、鳙鱼，3～5厘米的淡水鱼下塘，放养量为每亩150尾，经过1年的饲养，出池规格可达400克。

2. 以鲢鱼、鳙鱼为主养鱼的混养类型

以滤食性鱼类鲢鱼、鳙鱼为主养鱼，适当混养其他鱼类，在不降低主养鱼放养量的情况下，特别重视混养食有机腐屑的鱼类（如罗非鱼、银鲴、淡水白鲨等）。饲养过程中主要采取施有机肥料的方法。由于养殖周期短，有机肥来源方便，故成本较低。一般每亩产750千克的高产鱼池中，每亩混养3～5厘米的鱼种80～100尾，实行鱼、畜、禽、农结合，开展"综合养鱼"，在鱼鸭混养的塘中混养效果更好。

以鲢鱼、鳙鱼为主养鱼的混养类型的典型代表有湖南衡阳等地，具体放养和收获情况见表5-3。

表5-3　以鲢鱼、鳙鱼为主养鱼的池塘每亩的放养收获模式

鱼类	放养			成活率/%	收获		
	规格	数量/尾	重量/千克		规格	毛产量/千克	净产量/千克
鲢鱼	200克	300	60	98	0.8千克	235	
	5～8月份放50克	350	17	90	0.2千克	62	
			77			297	220
鳙鱼	200克	100	20	98	0.8千克	78	
	5～8月份放50克	120	6	95	0.2千克	23	
			26			101	75
草鱼	160克	50	8	80	1.0千克	40	32
团头鲂	60克	50	3	90	0.35千克	16	13
鲤鱼	50克	30	1.5	90	0.8千克	21.5	20
鲫鱼	25克	200	5.0	90	0.25千克	45	40
银鲴	5克	1000	5.0	80	0.1千克	80	75
罗非鱼	10克	500	5.0		0.25千克	130	125
总计			130.5			730.5	600

3. 以青鱼、草鱼为主养鱼的混养类型

以青鱼、草鱼为主养鱼，以投天然饵料和施有机肥为主，辅以精饲料或颗粒饲料，实行"鱼、畜、禽、农"结合，"渔、工、商"综合经营，成为城郊"菜篮子"工程的重要组成部分和综合性的副食品供应基地，这是江苏无锡渔区的混养特色。

以青鱼、草鱼为主养鱼的混养类型的典型代表有江苏无锡等地，具体

放养和收获情况见表 5-4。

表 5-4　以青鱼、草鱼为主养鱼的池塘每亩的放养收获模式

鱼类		放养				成活率/%	收获		
		月	规格	数量/尾	重量/千克		规格	毛产量/千克	净产量/千克
青鱼	二龄	1～2	1～1.5 千克	35	37	95	4 千克以上	140	138
	二龄	1～2	0.25～0.5 千克	40	15	90	1～1.5 千克	37	
	冬花	1～2	25 克	80	2	50	0.25～0.5 千克	15	
草鱼	二龄	1～2	0.5～0.75 千克	60	37	95	2 千克以上	120	117.5
	二龄	1～2	0.15～0.25 千克	70	14	90	0.5～0.75 千克	37	
	冬花	1～2	25 克	90	2.5	80	0.15～0.25 千克	14	
鲢鱼	二龄	1～2	0.35～0.45 千克	120	48	95	0.75～1.0 千克	100	213
	冬花	1～2	100 克	150	12	90	1 千克	135	
	春花	7	50～100 克	130	10	95	0.35～0.45 千克	48	
鳙鱼	二龄	1～2	0.35～0.45 千克	40	16	95	0.75～1.2 千克	40	75
	冬花	1～2	125 克	50	6.5	90	1 千克	45	
	春花	7	50～100 克	45	3.5	90	0.35～0.45 千克	16	
团头鲂	二龄	1～2	150～200 克	200	35	85	0.35～0.4 千克	60	52.5
	冬花	1～2	25 克	300	7.5	70	150～200 克	35	
鲫鱼	冬花	1～2	50～100 克	500	40	90	150～250 克	90	154
	冬花	1～2	30 克	500	15	80	150～250 克	80	
	夏花	7	4 厘米	1000	1	50	50～100 克	40	
总计					302			1052	750

4. 以青鱼为主养鱼的混养类型

这种混养类型主要对青鱼投喂螺、蚬类，利用青鱼的粪便和残饵饲养鲫、鲢、鳙、鲂等鱼类。由于在池塘里的螺、蚬等天然饵料资源少，而且再生能力有限，跟不上青鱼生长发育的需求，从而限制了该养殖类型的发展。目前已配制成青鱼颗粒饲料饲养青鱼，因此在生产上值得大力推广。

以青鱼为主养鱼的混养类型的典型代表有江苏吴中区和相城区等地，具体放养和收获情况见表 5-5。

表 5-5　以青鱼为主养鱼的池塘每亩的放养收获模式

鱼类	放养			成活率/%	收获		
	规格	数量/尾	重量/千克		规格	毛产量/千克	净产量/千克
青鱼	1～1.5 千克	80	100	98	4～5 千克	360	355.5
	0.25～0.5 千克	90	35	90	1～1.5 千克	100	
	25 克	180	4.5	50	0.25～0.5 千克	35	
鲢鱼	50～100 克	200	15	90	1 千克以上	200	185
鳙鱼	50～100 克	50	4	90	1 千克以上	50	46

鱼类	放养			成活率/%	收获		
	规格	数量/尾	重量/千克		规格	毛产量/千克	净产量/千克
鲫鱼	50 克	500	25	90	0.25 以上	125	124
	夏花	1000	1	50	50 克	25	
团头鲂	25 克	80	2	85	0.35 千克以上	26	24
草鱼	250 克	10	2.5	90	2 千克	18	15.5
合计			189			939	750

5. 以鲮鱼、鳙鱼为主养鱼的混养类型

该类型是珠江三角洲普遍采用的养鱼方式。由于鳙鱼和鲮鱼都是典型的肥水鱼，因此在技术措施上采用投饵和施有机肥料并重的方法。鳙鱼一般每年放养 4～6 次，鲢鱼第一次放养 50～70 尾，待鳙鱼收获时，满 1 千克的鲢鱼捕出。通常捕出数量与补放数量相同。鲮鱼放养密度分大、中、小三档规格，依次分期捕捞出塘。混养一定量的鱼种，鱼种规格为 3～5 厘米时的放养量为每亩 30～50 尾。

以鲮鱼、鳙鱼为主养鱼的混养类型的典型代表有广东顺德等地，具体放养和收获情况见表 5-6。

表 5-6 以鲮鱼、鳙鱼为主养鱼的池塘每亩的放养收获模式

鱼类	放养			收获		
	规格	数量/尾	重量/千克	规格	毛产量/千克	净产量/千克
鲮鱼	50 克	800	48	0.125 千克以上捕出	360	276
	25.5 克	800	24			
	15 克	800	12			
鳙鱼	500 克	80	40	1 千克以上捕出	200	148
	100 克	120	12			
鲢鱼	50 克	120	6	1 千克以上捕出	60	54
草鱼	500 克	120	60	1.25 千克以上	125	157
	40 克	200	8	0.5 千克以上	100	
鲫鱼	50 克	100	5	0.25 千克以上	50	45
罗非鱼	2 克	500	1	0.25 千克以上	51	50
鲤鱼	50 克	20	1	1 千克以上	21	20
总计			217		967	750

6. 以鲤鱼为主养鱼的混养类型

我国北方地区的人民喜食鲤鱼，加以鲤鱼鱼种来源远比草鱼、鲢鱼、鳙鱼容易解决，故多采用以鲤鱼为主养鱼的混养类型，搭配异育银鲫、团

头鲂等鱼类，并适当增加鲢鱼、鳙鱼的放养量，以扩大混养种类，充分利用池塘饵料资源，提高经济效益。这种模式主养的鲤鱼放养量占总放养重量的90%左右，要求鲤鱼产量占总产量75%以上。

以鲤鱼为主养鱼的混养类型的典型代表有辽宁宽甸等地，具体放养和收获情况见表5-7。

表5-7　以鲤鱼为主养鱼的池塘每亩的放养收获模式

鱼类	放养			成活率/%	收获		
	规格	数量/尾	重量/千克		规格	毛产量/千克	净产量/千克
鲤鱼	100克	650	65	77	750克	440	375
鲢鱼	40克	150	6	96	700克	101	95
	夏花	200	0.2	81	40克	6.5	6
鳙鱼	50克	30	1.5	93	750克以上	22.5	21
	夏花	50		90	50克	2	2
总计		1080	72.7			572	499

7. 以白鲫为主养鱼的混养类型

这是一种充分利用白鲫的食性广泛、适应性强、产量高的优势的混养类型。以白鲫放养为主，要求主养的白鲫放养量占总放养数量的80%左右，要求白鲫产量占总产量50%左右。

以白鲫为主养鱼的混养类型的典型代表有江苏无锡等地，具体放养和收获情况见表5-8。

表5-8　以白鲫为主养鱼的池塘每亩的放养收获模式

鱼类	放养		收获		
	规格	数量/尾	饲养天数/天	规格	净产量/千克
白鲫	40.5克	3000	221	0.140千克	309.25
草鱼	445克	100	184～221	1.500千克	94.75
团头鲂	16克	150	221	0.160千克	21.99
鳙鱼	47克	80	215	1.315千克	58.00
鲢鱼	45克	50	215	1.115千克	29.00
鲤鱼	78～110克	100	148～215	0.860千克	86.15
银鲫	64克	300	137	0.900千克	8.96
杂鱼					0.55
合计		3780			608.65

五、 池塘环境

池塘大小、位置、面积等条件应随主养鱼类而定，但套养淡水鱼的池塘必须是无污染的水体，pH值为6.5～8.5，溶氧在4毫克/升以上，大型浮游动物、底栖动物、小鱼、小虾丰富。

六、 饲养管理

淡水鱼混养在以上各种主养类型的池塘中，都是利用主养鱼类剩余的空间，摄食主养鱼类剩余的饲料和主养鱼类不摄食的天然饵料。因此，混养淡水鱼的池塘饲养管理主要是针对主养鱼类来进行，针对淡水鱼的饲养管理并不多，管理的要求也不高。

1. 施肥及水质调控

池塘饲养要追肥，追肥应按"多施、勤施、看水施肥"的原则，同时以有机肥料为主，无机肥料为辅，"抓两头、带中间"的施肥原则。一般每周施粪肥150千克或绿肥50千克，施粪肥必须经发酵腐熟后加水稀释泼入塘中；施绿肥采取池边堆放浸积。使用化肥，如尿素为1.5～2.5千克，过磷酸钙为3千克。在早春和晚秋，水温较低，有机物质分解慢，肥力持续时间长，追肥应量大次少；晚春、夏季、早秋水温高，鱼吃食旺盛，有机物分解快，浮游生物繁殖量多，鱼类耗氧量大，加上气候多变，水质易发生变化，追肥应量少次多。池塘施肥主要看水色来定，如池水呈油绿色、褐绿色、褐色和褐青色，肥而爽，不浑浊，透明度25～30厘米，可以不施肥。如果池水清淡，呈淡黄色或淡绿色，透明度大，要及时追肥。如果池水过浓，变黄、发白或发黑等，说明水质已开始恶化，应及时加换新水调节水质（图5-1）。

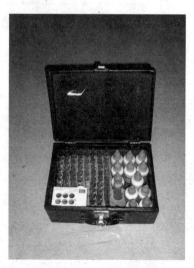

图 5-1　测试水质的试剂

对于池塘混养的鱼类来说，由于各种鱼对溶氧的要求不完全一致，对水质的适应能力也有差异，尤其是夏季也是养殖鱼类生长的旺季，水质的优劣是鱼类饲养的关键，因此应做好水质调节管理。

（1）科学开启增氧机　在晴天中午开机调节水质，以促进水体对流，增加池水溶氧和散发有毒气体；天气闷热时开机时间可适当延长，天气凉爽时减少开机时间，半夜浮头则增加开机时间。

（2）定期泼洒生物制剂　定期泼洒光合细菌、芽孢杆菌、EM菌等生物制剂，可使水质"肥、活、嫩、爽"，并能预防细菌性鱼病，提高鱼的摄食能力和免疫功能。

（3）要及时加注新水　注新水可增加溶氧和营养盐类，冲淡池水中的有机质和有毒物质。一般每7～10天加水或换水一次，每次加注新水15～20厘米。同时，通过合理投饲和使用生石灰，调节池水肥度。

2. 巡塘观察

这是最基本的日常工作，要求每天巡塘3次。清晨巡塘主要观察鱼的活动情况和有无死亡；午间巡塘可结合投饲施肥，检查鱼的活动和吃食情况；近黄昏时巡塘主要检查有无残剩饲料。酷暑季节天气突变时，鱼类易发生浮头，还应半夜巡塘，以便及时采取有效措施，防止泛池。

3. 食台检查

每天傍晚应检查食台上有无残饵和鱼的吃食情况，以便调整第二天的投饲量。食台高温酷暑季节还应每周清洗消毒，消毒可用20毫克/升的高锰酸钾溶液或30毫克/升的漂白粉溶液。

第二节　"80∶20"池塘养鱼技术

一、"80∶20"　池塘养鱼的理念

"80∶20"池塘养殖模式是由美国奥本大学教授史密特博士针对中国的具体情况而设计的。1994年，美国大豆协会分别在黑龙江省哈尔滨市金山岭堡养鱼场，长江三角洲的江苏省、上海市和浙江省的五个地方对鲤鱼和鲫鱼进行养殖试验后提出了这种新型的水产养殖高产、高效养殖技术。与传统的混养模式相比，"80∶20"池塘养殖模式在技术上和经济上

具有明显的优势，近年来逐渐为广大渔（农）民所接受，已从试验转向大面积推广。2004年全国"80∶20"池塘养殖规模达到200余万亩，平均亩产550千克，亩效益2000元左右。

"80∶20"池塘养鱼的概念是，池塘养鱼收获时，80%的产量是由一种摄食颗粒饲料、较受消费者欢迎的高价值鱼的鱼类所组成，也称为主养鱼，如鲤鱼、鲫鱼、青鱼、草鱼、团头鲂、斑点叉尾鮰、尼罗罗非鱼等；而其余20%的产量则是由被称为"服务性鱼"的鱼类所组成，也称为搭配鱼。如鲢鱼、鳙鱼，可清除池中浮游生物，净化水质；鳜鱼、鲶鱼、鲈鱼等肉食性鱼类，可清除池中的野杂鱼。这种养殖模式的基础是投喂颗粒饲料。

"80∶20"池塘养鱼模式在生产实践中，可以用于从鱼苗养至鱼种，也可以用于从鱼种养至商品鱼。任何一种能够吞食颗粒饲料的池塘养殖鱼类都可以作为占80%产量的主养鱼。

二、"80∶20"养殖技术与传统养殖技术相比的优点

与传统养殖技术相比，由于"80∶20"养殖技术采用全程投喂颗粒饲料和对水质的高度控制，因此具有明显的养殖效益。养殖优点可以体现在以下几点：①池塘的养殖产量高，利润高，每亩池塘可以轻松达到高产1000千克；②对于80%的主养鱼来说，产品的商品率高，规格整齐，市场适销性好；③对环境污染小，病害少，更符合无公害养殖要求；④这种养殖方式可以减少劳动强度。

三、技术要点

① 用标准方法准备养鱼的池塘。

② 将规格均匀一致的能摄食颗粒饲料的鱼种和规格比较均匀的滤食性鱼类（如鲢鱼）的鱼种放养到已准备好的池塘中，使这些鱼类在收获时，大致分别占总产量的80%和20%。

③ 采用一种营养完全、物理性状好的颗粒饲料，按规定的计划表和方法投喂占80%的那部分鱼类。

④ 养殖期间，将池塘水质维持在一个不会引起鱼类应激反应的水平。

采用标准的方法管理池塘，会比传统池塘混养体系少发生鱼病，减少增氧和换水。

⑤ 在养殖周期结束时，能一次性收获所有鱼类；主养鱼的个体应该是大小均匀的、市场适销的。

四、 操作规范

1. 池塘的要求

池塘面积以 1～6 亩为宜，水深为 1.2～1.8 米，水位应维持稳定，没有严重漏水情况；底质以黑壤土最好，黏土次之，沙土最差；池塘的底部和水中不应堆积树叶、树枝或类似的物体；池形一般规则整齐，以东西向的长形（长宽比 3：2）为好；池塘周围不应有高大的树木和房屋；堤埂坚固，不漏水，堤面要宽；堤岸高度应高出水面 30～50 厘米。

2. 水源和水质

水源必须充足，注排水方便，水质良好，不含对鱼类有害的物质。水呈绿色为好。

3. 放养前的准备

冬季或早春将池水排干，让池底冰冻日晒；使土地疏松，减少病害。然后挖出过多淤泥，修补堤埂，填好漏洞，整平池底。鱼种放养前10～15天用生石灰带水或干法清塘。在取得鱼种之前，要检查运输、操作和放养鱼种所需要的所有设施和设备，还要确保饲料的供应。

4. 鱼种放养

（1）主养鱼类　根据市场的需求和本技术的特点，主要养殖鱼类占80％，可以选择的品种有斑点叉尾鮰、团头鲂、优质鲫鱼、罗非鱼、草鱼、鲤鱼等。但是，对于"80％"这个比例而言，并非绝对化，70％～90％即可。

主养鱼类的选择要注意三方面的问题：①市场性，即所养殖的品种是否适销对路；②易得性，即是否有稳定的人工繁殖鱼苗供应；③放养的可行性，即是否适应当地的池塘生产系统，如水温、水质等特殊要求。

（2）配养鱼类　20%配养鱼类的营养物质或饲料来源，主要是对池塘生态系统中80%的主养鱼类损失的饲料、粪便、排泄物等生物及化学的转化和利用，对经济价值低的野杂鱼类的转化。配养鱼可以考虑滤食性鱼类的鲢鱼、鳙鱼、鲮鱼等，掠食性鱼类中的鳜鱼等凶猛性鱼类。

（3）鱼种的规格、质量要合适　鱼种规格应该均匀一致，一般为100～150克/尾。放养的白鲢、花鲢鱼种为50～100克/尾。必须选择无鱼病、健康状况好的鱼种，其主要标志是体色一致，皮肤上无溃疡、疮疤或斑点，鳍条完整，并且游动活泼，不易捕捉。

（4）放养密度要合理　放养密度和产量在一定的范围内呈正相关，放养密度增加，产量呈正比增加，但鱼产量达到一定的值后，放养密度再增加，产量的增加变缓。所以，放养密度的确定要根据池塘条件、放养鱼类品种、大小、出池规格、饲养管理水平和资金投入的情况而定。不同的品种增重倍数不同，所以放养密度一般以鱼类的产量除以该种鱼的增重倍数，其结果就是存塘鱼的数量。为使出池时存塘鱼的数量有所保证，可适当增加5%作为修正值。据测算，每亩放养主养鱼1000～1200尾，放养白鲢、花鲢鱼种150～200尾。

实例：有一面积10亩的池塘，准备放养草鱼、鲢鱼、鳙鱼，计划总产量为500千克，其中草鱼100千克，鲢鱼300千克，鳙鱼100千克。已知草鱼种平均规格为0.25千克/尾，计划年底养成的草鱼规格为1千克/尾，成活率估计为80%；鲢鱼种平均规格为0.05千克/尾，年底计划出塘规格为0.50千克/尾，估计成活率为90%；鳙鱼种平均规格为0.05千克/尾，年底养成规格为0.75千克/尾，估计成活率为90%。试问草、鲢、鳙三种鱼种各放养多少？

解答：

① 当总产量为500千克（包括鱼种，指毛产量）时则：

草鱼每亩放养量＝100/（1×80%）＝125（尾）

总放养量＝10×125＝1250（尾）

鲢鱼每亩放养量＝300/（0.5×90%）＝667（尾）

总放养量＝10×667＝6670（尾）

鳙鱼每亩放养量＝100/（0.75×90%）＝150（尾）

总放养量＝10×150＝1500（尾）

② 当总产量为 500 千克（指净产量）时（不包括鱼种，且三种鱼的产量也是净产量）则：

草鱼每亩放养量＝100/[（1－0.25）×80％]＝167（尾）

总放养量＝10×167＝1670（尾）

鲢鱼每亩放养量＝300/[（0.5－0.05）×90％]＝740（尾）

总放养量＝10×740＝7400（尾）

鳙鱼每亩放养量＝100/[（0.75－0.05）×90％]＝160（尾）

总放养量＝10×160＝1600（尾）

五、 饲料的质量要求和投喂技术

以主养鱼类饲料的投喂提供池塘养殖系统所需要的营养物质。有时也可以根据不同的主养对象，适当投喂一些天然的绿色饲料，可以在一定程度上达到补充维生素和防止鱼病的目的，如青草等。

1. 饲料的质量要求

投喂高质量的饲料可以使鱼类保持良好的健康状况、最佳的生长、最佳的产量，并尽可能减少可能给环境带来的废物，为最佳的利润支付合理的成本。使用较高的营养质量和良好的物理性状的饲料是"80：20"池塘养鱼技术的关键。较高的营养质量是指将高质量的原料按一定比例配合成的饲料能满足鱼类所有的营养需求，物理性质量是指制成的颗粒饲料具有干净牢固的外形，浸泡在水中至少能稳定 10 分钟以上。饲料的质量要求具体如下：

① 饲料必须制成颗粒状。

② 采用的饲料必须营养完全，包括完全的维生素预混剂和矿物质预混剂，以及补充的维生素 C 和磷质。

③ 饲料的蛋白质含量为 26％～35％。

④ 饲料的质量会随着存放时间的延长而降低。饲料应该在出厂后 6 周内用完，因为存放时间过久，其维生素和其他营养物质会损失，并会受到霉菌和其他微小生物的破坏。饲料应储藏在干燥、通风、避光和阴凉的仓库中，防止动物和昆虫的侵扰。

2. 投饲技术

为使鱼的生长和饲料系数之间平衡，每次投喂和每天投喂的最适宜饲料量应为鱼的饱食量的 90% 左右。

池塘中鱼类摄食饲料的数量主要与水温和鱼的平均体重有关。投饲的实用方法很多，必须掌握以下几条投饲原则：

① 最初几天以 3% 的投饲率投喂，当鱼能积极摄食后，鱼会在 2～5 分钟内吃完这些饲料。

② 训练鱼在白天摄食。投饲的时间最好是在上午 8:00 至下午 4:00，或黎明后 2 小时至黄昏前 2 小时。

③ 严格避免过量投饲，过量投饲的标志是在投饲后 10 分钟以上，还有剩余的饲料未被鱼吃完。

六、 水质管理

水质问题是池塘养鱼中最重要的限制因子，也是最难预料和最难管理的因素。池塘中鱼类的死亡、疾病的流行、生长不良、饲料效率差及其他一些类似的管理问题大多与水质差有关。水质管理的目标是，为池塘中的鱼类提供一个相对没有应激的环境，一种符合鱼类正常健康生长的起码的化学、物理学和生物学标准的环境。

1. 增氧

每口池塘配备增氧机 1 台，5～10 亩池塘配功率 1.5 千瓦的增氧机，1～4 亩可选择功率较小的增氧机。

2. 温度

最适合鱼生长的水温是 26～30℃。水温在 20℃ 以下，鱼的生长就很差。超过 35℃ 鱼类的生长和饲料效率会急剧降低，鱼类甚至停止生长，或会患病和死亡。

3. 含氮的废物

氨和亚硝酸盐是蛋白质经鱼消化后产生的含氮的废物。这些废物在集约化高密度养鱼生产系统中可能会成为问题，但在为"80：20"池塘养鱼建议的放养密度和生产水平中是不应该成为问题的。控制池塘中含氮废物最实用的管理技术是限制投入池塘的饲料量，这要通过限制养鱼生产的放养密度等来实现。

4. 施放石灰石

在池塘中适当施放石灰石，会减少低溶氧发生，pH 值的昼夜变动也不会太剧烈：池塘水的 pH 值在晚间，尤其是黎明时，偏酸性；在白天，尤其是中午时，偏碱性。较理想的 pH 值变动范围为 6.5～8.5。

七、 生产管理

传统的养殖主要遵循"八字精养法"——水、种、饵、密、混、轮、防、管，这是对我国传统的池塘养鱼的精辟总结，对任何池塘养鱼都是很适用的。但是，"80：20"养殖技术较传统的养殖管理更简单，主要侧重于"水、种、饲、防"四大要素。

做好记录，保存好养殖场生产过程中生产和经济方面与购买、销售等有关的所有记录，并将观察到的重要现象及时记录下来。

每天至少 1 次到养殖池塘去观察鱼的情况（巡塘），如鱼类的摄食行为、水色和水质的总体情况，知道什么是正常的情况，什么是异常的情况，并对下面几个问题有充分的准备：①鱼类停止摄食；②鱼类表现出患病的症状；③鱼类在水面"浮头"；④出现很大的雷阵雨，并有强风和暴雨，存在"泛池"的危机。

第三节　流水高密度养殖淡水鱼

一、 流水养鱼的特点

实践证明，利用我国地热泉水、溪流或江河的自流水进行流水养鱼，无须动力，便能以高密度放养，生产品质优秀的无污染鲜鱼。鱼体在川流不息的水环境中生长，溶氧充足，水质清新，也很少有鱼病发生。只要能保证养鱼的水流量，充足的饲料供应，大规格优质鱼种和加强日常管理，就能收到显著的社会、经济效益。由于流水养鱼需要特定的地理环境，所以发展也有它的局限性。它与微流水养鱼又有一些区别，主要是水流大小不同、拦鱼设施不同、投饲方式不同。

① 流水养鱼一般只有几平方米到几十平方米面积，很少有超过 100 米^2 的鱼池，水体小，投入少，群众易于接受和施工。随着工业化程度的提高，目前多趋向于小型鱼池。小型池饵料利用率高，容易调节水流量，便于管理，并可提高生产周转率。

② 面积小，鱼的容纳量却相当大，可以做到 1 米^2 放鱼几百尾到近千尾，其最终产量可以超过池塘几十倍到 100 倍。

③ 流水养鱼利用鱼类的抢食习惯，充分投喂人工配合颗粒饲料，能缩短养殖周期，节省饲料。一般饵料系数为 1.5，养殖周期 1～1.5 年。

④ 流水养鱼借水还水，不影响原来的发电、灌溉，却增加了水的重复利用。

⑤ 流水养鱼也是一种高度集约化的养鱼方法，所以便于采用先进的管理手段，如自动投饵，适时分池，采用全价营养颗粒饲料进行强化培育，能降低劳动强度，提高生产效率。

二、 流水养鱼择址的条件

流水养鱼就是要不断地向养鱼池中注入大量清新的水流，来进行高密度养殖，如果要用电力提水，那是很昂贵的，也是不可行的。因此在选择流水养鱼场址时，就必须有良好的水源、充足的水量和一切相应的条件，否则不仅达不到高产高效的目的，还会招来经济上的巨大损失。此外，对鱼种、饵料、交通、市场的考察也是流水养鱼必须考虑的问题。对于流水养鱼来讲，要满足鱼类健康快速成长，必须考虑水的水源、水温、水量、水质、饲养管理的方便程度及周围环境条件。

1. 水源

流水养淡水鱼常用的水源有地热水、发电厂的尾水。不论引用哪一种水源，都应考虑枯水期能否保证有水。最有利推广的是"借水还水"，利用自然落差的引水方式。

2. 水温

水温是制约鱼类生长的重要因素。在确定流水养淡水鱼后，一定要选择水温适宜该种鱼类生长的水域，建立流水养鱼场。一般饲养淡水鱼的适宜水温是 24～32℃。

3. 水量

流水养鱼是一种集约化养鱼形式，鱼类密集程度远远高于池塘，鱼类赖以生存的溶氧，主要依靠不断注入的流水来供应。这样，养鱼池中注入水量的多少，就决定鱼类能得到溶氧量的多少，从而也就左右着鱼池中容纳鱼的数量和最终的产量。

在实行流水养鱼时，为提高单位面积产量，就必须确保充足的流量。流水池应尽量做到交换水量大而流速小，以利于保持水质清新，溶氧充足，又不会因水交换量大而导致过大的能量消耗。在放养早期，鱼体小，摄食强度小，不易缺氧，流量可控制在每小时水量交换一次，随着鱼体的长大，可增加到 1 小时交换 2～3 次到 4～5 次。

4. 水质

有了适宜的水温、充足的水量，如果没有良好的水质环境，也不适宜建设流水养鱼场。因为质量不好的水源，即使不会导致死鱼，也会影响鱼类生长，引起疾病，或者污染鱼的肉质，降低其食用价值，甚至造成不能食用。所以我们在以地表水为水源时，一定要选择没有混入农药、工业废水以及城市污水的源头引水。要根据我国养鱼水质标准，在建场前就对水源的各项指标认真检测分析，以确保养鱼安全。

三、 流水养殖的类型

依据水源和用水过程处理方法的不同，养殖方式有以下四种：

1. 自然流水养殖

利用江湖、山泉、水库等天然水源的自然落差，根据地形建池或采用网围、网拦等方式进行养殖。自然流水养殖不需要动力提水，水不断自流，鱼池或网围、网拦结构简单，所需配套设施很少，成本最低。

2. 温流水养殖

利用工厂排出的废热水、温泉水，经过简单处理，如降温、增氧后再入池，用过的水一般不再重复使用，这类水源是养殖淡水鱼最理想的水条件。生产不受季节限制，温度可以控制，养殖周期短，产量高，目前我国许多热水充足的工厂、温泉区都在养殖。温流水养殖设施简单，管理方便，但需要有充足的温泉水或废热水。

3. 开放式循环水养殖

利用池塘、水库，通过动力提水，使水反复循环使用。因为整个流水养鱼系统与外源水相连，所以称为开放式循环水养殖。因为要动力保持水体运转，只适合小规模生产。

4. 封闭式循环流水养殖

这是一种全新高效养鱼技术，它是将池塘水体经过温度控制、过滤、沉淀等净化处理后，再经过曝气处理，最后进入池塘进行循环养殖。

四、 流水池的结构与建设

1. 鱼池种类

流水养鱼池有鱼种池、成鱼池、亲鱼池和蓄养池四大类。鱼种池鱼体较小，为了便于喂养，观察鱼体活动和清理鱼池，一般要求面积小一些，水也浅一点。蓄养池是成鱼上市前囤放的池子，其目的是使鱼排出异味，提高商品鱼品质，同时也起到活鱼库作用。面积要以产量和方便捕捞为准。成鱼池是生产商品鱼的鱼池，一般要求比较高，这对提高单产、增加经济效益至关重要。亲鱼池是养殖繁殖用鱼的池子，面积以小为好，但对水深、水质要求都是最严的。

2. 结构

(1) 面积与深度　面积以 30~50 米² 为宜，最大不超过 100 米²，池壁可用黏土或水泥砖修建，水深为 1.2～2 米。

（2）形状与水的流动　流水鱼池的形状可以是正方形、长方形、八角形、圆形、椭圆形等，其中以长方形、圆形、椭圆形池较为普遍。

① 长方形流水池。池子里水的流向基本一致，朝排水口流去，长方形池土地利用率高，建造方便。

② 圆形流水池。整个池形如漏斗，底部中央排水排污，具有结构合理、不产生涡流、鱼在池中分布均匀等优点。但底部网罩被污物封住后难处理，造价较高。

③ 椭圆形流水池。这是圆形池和长方形池相结合而设计的养鱼池，基本保持了圆形池和长方形池的优点。

3. 流水饲养池的修建及排列方式

如果采用单个池进行加水饲养，则水池最好修建成圆形，池底呈锅底形，自四周向中央的坡降为 10% 左右，类似于家鱼人工繁殖的圆形产卵池。池底或池壁应设置 4 个定向喷嘴，以便排污时用于促进池水旋转，使残饲、粪便等污物集中于池底中心点而排出排水口。排污口合并在池底中心，管口口径应在 15 厘米以上，能把集中到中心点或底端的污物排出。

如果是多个流水饲养池串联或并联，则流水饲养池的形状最好是长方形。串联时，长方形水池一边进水，另一边排水，第一口水池的排水口即为第二口水池的进水口。串联池每个水池的注水量大，换水率高，水被反复利用。并联池的每个池的注水量少，换水率低，但各个鱼池排灌分开，进入各池的水都是新鲜水，可以减少病害；即便患病也容易采取措施，也不会使鱼病传播，实际养鱼的效果好。

4. 流水池的水口

（1）进水口　流水鱼池的水是由引水渠道引入，每个鱼池进水口数量应根据鱼池的形状、宽度设置 1～2 个或多个，长方形的鱼池有的还以滚水坝的建设样式，让渠水以鱼池宽度泻入鱼池，这样一则利于增氧，二则降低流速，以减少对鱼体逆水的体力消耗。流水养鱼池进水方式有溢水式、直射式、散射式、水帘式、喷雾式等。

（2）出水口　鱼池的水通过拦鱼栅从鱼池出水口回归原渠道，出水口分上、下两个。下出水口主要是作为集中排污清洗鱼池和放干或降低池水水位用。平时，水由上出水口排出。上出水口的形状、大小根据需要和过水量而定，下出水口为一圆锥形的铁球，或水泥卵石砂浆制成的仿圆球形，作为下水口的闸阀，这种球阀起闭方便，经济实惠，适宜生产上应用。

5. 流水鱼池的进水方式

流水池的进水可分为溢水式、直射式、散射式、水帘式等进水方式。

(1) 溢水式　开放的进水槽横架于池顶上方，或沿着池壁围建成环形进水槽，槽侧具小闸门，水由此处流入池内。在进水槽口设置拦鱼设备，以防止鱼逃入进水沟中。由于进水是明沟，水已失去冲动力，池内水质往往不均匀，也不利于集污和排污。该进水方式的优点是施工简单，使用水泥槽或木槽即可。而其余各进水方式均需管道输送。

(2) 直射式　水由射水孔直接射向水面。管上有若干射水孔，水由此射向池内。长方形鱼池进水口开设在长轴一端，与另一端的出水口相对。圆形鱼池的进水管横架于池顶上方，在进水横管的前、后半段上各设一排数目相等而方向相反的射水孔。或沿池壁设环形进水管，在进水管沿切线方向设若干鸭嘴状喷管。鱼池的这两种进水方式，都能使池水形成旋转式水流，这就有利于集污和排污，且池内水质较均匀。该进水方式的缺点是不能任意加大流量。在需要提高换水率时，若进水量太大，会使水流太快而影响鱼类正常生活，也容易流失饵料。在换水不超过每小时 1 次而又附有其他增氧措施的情况下，该进水方式是优越的。

(3) 散射式　为解决直射式的缺点，可将进水横管的射水孔改成乱向排列，环形进水管的射水孔向池中央上空喷射，使进水射向空中再散落到池内。这样就不会形成流速太大、方向一致的水流，同时又有曝气增氧的作用。但由于不能形成旋转水流，故不利于圆池的集污和排污。为此，可增设能形成旋流的进水管，临时用于集污、排污。该进水方式可用于长方形鱼池，以弥补长池一端进水所造成的水质不均匀的弊病。

(4) 水帘式　进水管沿鱼池四周形成环管，在环管上密排一圈砂眼状喷孔，使水向池中央上空呈抛物线状喷出并交织在一起形成伞状水帘。该进水方式的优点是具有较好的曝气增氧效果，但缺点是影响鱼类在水面摄食，也不便观察鱼群的活动情况。

6. 流水饲养池的主要设施建设

流水饲养池的主要设施包括进排水及调节系统、拦鱼设施、排污设施等。进排水调节系统的主要作用，一是引入新鲜的水源，使流水池常年处于高溶氧状态，满足淡水鱼高密度流水饲养时对水体溶氧的需求；二是控制引入和排出的水量，使流水池能长期保持一定的水位。在饲养的中后期还可以利用控制排水系统调节排水量，提升流水池的水位，有利于淡水鱼的生长。

流水饲养池的进排水口要设置鱼栅，以免逃鱼。在水池的进排水口处，还应加设水流和水量的控制系统，以调节池中的水流换水量，圆形水池的排水口和排污口合并在一起，设置在水池的底部，在排水口应加设铁丝网或鱼用网片，防止鱼逃跑。

排污设施的主要作用是清除流水池中鱼排出的粪便、代谢的废物以及剩余的饲料，避免败坏水质。

五、 鱼种放养

1. 放养前的准备

流水池使用前要检查流水池是否有缺损，能否保水，进排水是否顺畅。在基本条件具备后，再用漂白粉或生石灰进行消毒，放水冲洗干净。

2. 鱼种放养

（1）水质要求　水质清新，各项理化指标符合养殖要求。

（2）鱼种质量　第一，鱼种规格要整齐，体质健壮，没有病害，否则会造成鱼种生长速度不一致，大小差别较大，影响出池；第二，下池前要试水，两者的温差不要超过 2℃，温差过大时，要调整温差；第三，下池前，要对鱼体进行药物浸洗消毒，当水温在 20～24℃ 时，用 10～15 克/米^{3}的高锰酸钾溶液浸洗鱼体 15～25 分钟，杀灭鱼体表的细菌和寄生虫，预防鱼种下池后被病害感染；第四，搬运时的操作要轻，避免碰伤鱼体。

（3）鱼种放养的规格　放养到流水池的鱼，以人工饲料为食。因此，要求鱼种能够摄食人工颗粒饲料，规格在 100 克为宜。

3. 苗种放养的密度

流水池水流充足，溶氧丰富，放养密度比其他养殖方式大。但放养密度有一个限度，在这个限度内，放养密度越高，产量越高；超过这个限度，就会产生相反的效果。流水养鱼在保证饲料、排污畅通、管理得力的前提下，水中的溶氧量是影响密度的主要因素。因此，放养规格密度要因地制宜，并根据放养规格、进水流量（溶氧量）、饵料来源来确定。流水池养殖时，鱼种的放养密度一般为每立方米水体 300～500 尾。

以最大的载鱼量和初放养量作为确定合理放养密度的标准。流水池饲养淡水鱼时，影响淡水鱼密度的因素是多方面的，但溶氧量是影响淡水鱼放养密度的主要因素。鱼池最大载鱼量可按下式计算：

$$W=(A_1-A_2)Q/R$$

式中　W——最大载鱼量，千克/全池；

　　　A_1——注入水的溶氧量，克/米^3；

　　　A_2——维持淡水鱼正常生长最低溶氧量，2.5 克/米^3；

　　　Q——注水流量，米^3/（时·全池）；

　　　R——鱼类耗氧量，淡水鱼为 0.40～0.45 克/（千克·时）。

因为最大载鱼量是指淡水鱼在流水池中的总重量，在实际操作中要求明确具体的放养尾数。淡水鱼在流水池中进行饲养时，其具体的放养尾数可按下式进行计算：

$$I=W/S$$

式中　I——放养尾数，尾/全池；

　　　W——最大载鱼量，千克/全池；

　　　S——计划养成规格，千克/尾。

举例：某流水池的水体体积为 30 米^3，单养淡水鱼时的最大载鱼量为 600 千克，成活率为 80%，要养成的淡水鱼每尾重 1500 克，其放养量则为 600（千克）÷1.5（千克/尾）÷80%＝500（尾）。

六、 饲料与投喂

流水养殖时，淡水鱼完全靠人工饲料来生长，因此，要求人工饲料营养全面，营养价值高。目前，流水养殖淡水鱼所用的饲料基本上是人工配合全价颗粒饲料。

1. 投喂原则

与池塘养殖、网箱养殖一样，流水高密度养殖淡水鱼的投喂原则也是"四看"和"四定"。

2. 投喂量的确定

日投喂量主要根据季节、水温和淡水鱼的重量来确定。5～6月份，当水温在18～23℃时，投喂量为体重的5%～7%；6～9月份，水温较高，投喂量为8%～12%；水温超过35℃时停止投喂。每天投喂量还应根据当天的气温、水质、鱼的食欲、浮头、鱼病等情况确定增加或减少。

3. 投喂方法

流水池中设置一定数量的饵料台，饲料投喂到饵料台上。每天的投喂次数为4～6次，下午的投喂量应多于上午，傍晚的投喂量应最多。投喂应在鱼种放养后1～2天才开始，投喂时应减少或停止进水。日投喂量也应依据水温、季节来确定。

在投喂时，应根据不同的水池采取不同的投喂方法，一般采用手撒的方法。在串联或并联的流水池，投喂的地点可选择在流水池的周边。对于圆形或椭圆形的流水池，投喂的地点也应选择在水池的周边，在投喂时，如果流水池中的水流量较大，则应将进水阀调小，以免将投喂的饲料冲走。

（1）要驯化鱼类浮到水面抢食　具体做法是，先让鱼饥饿1～2天，然后在固定位置敲击铁桶，同时喂食，经过最多1周的驯化，鱼类就能形成听到声响便集群上浮水面抢食的条件反射。因为流水池流速较大，投喂点最好在入水口附近，投喂要一小把一小把地撒，每一粒料都让鱼吃掉，以免浪费。每次投喂时间为10～20分钟。每次让鱼达到八成饱，让鱼始终保持旺盛的食欲。

（2）不同个体的鱼，对饵料营养的要求不一样　饲养过程中，饵料配方应随着鱼个体的增重而调整，另外一定要使颗粒的粒径与鱼类大小相适应，颗粒料的直径一般是按鱼体重量而定：鱼体重25～100克投喂直径为

2 毫米；鱼体重 100～250 克，投喂直径为 4 毫米；鱼体重 250～600 克，投喂直径为 6 毫米；鱼体重 600 克以上，投喂直径为 8 毫米。

七、 日常管理

日常管理工作主要包括调节流量、定时排污、观察鱼的动态、注意水质变化、防病、防逃等。

1. 调节流量

流水养殖淡水鱼时，应根据鱼体总重量的变化、水体溶氧含量的变化、水温的变化、水源流量的变化随时调节池水的流量，以保证池水的溶氧量。流水池养殖淡水鱼要求溶氧在 5 毫克/升以上，水交换量为 20～30 分钟 1 次，水流速在 0.1～0.15 米/秒。池水的水交换量不宜过大，过大会迫使淡水鱼逆水游泳，消耗其体力，影响吃食，以致影响到生长。

2. 观察鱼的动态

观察淡水鱼的活动状况，注意流水池中水质的变化。在正常的水环境中，淡水鱼游泳能力强，争食强烈。池水缺氧或水质变坏时，淡水鱼游动无力或浮头，影响摄食生长。发现淡水鱼活动异常，应加大水交换量，进行人工排污和增氧。

3. 定时排污

排污是保证池水清新的主要措施。因为流水饲养淡水鱼的放养密度大，日投饲量也较多，淡水鱼排出的粪便、代谢物及残饲等也相应增多。另外有机物在水中分解耗氧，并产生一些有害物质，对鱼类的危害很大，因此必须经过排污系统排出池外。污物都沉于水底，不能从溢水口排出，必须经排水排污系统排出。根据淡水鱼的密度及污物的多少，一般每天排污 2～4 次，以确保水质清新，保证淡水鱼生活在适宜的溶氧环境中。如果发生排污管堵塞等情况，则要人工清理排污管以及人工排污。

4. 及时防病

发生鱼病时相互传染快，暴发性强，短时间内引起流水池中的暴发性鱼病。因此，要特别注意做好鱼病的防治工作。

（1）定期消毒　停止进水，用漂白粉消毒，浓度为 5～8 毫克/千克，浸泡时间为 10～15 分钟，然后开闸进水即可。

（2）定期投喂药饵　定期投喂药饲，预防肠道疾病的发生，每万尾鱼用 90% 的晶体敌百虫 50 克，混入饲料中，每 7～10 天投喂 1 次，每次连续 3 天；或每千克饲料拌和呋喃唑酮 2 克，连续投喂 1 周。

5. 防洪

流水鱼池多在山区，夏秋季山洪暴发常危及鱼池生产安全，因此在择址时要避免在洪水泛滥区，平时一定要注意进出水口的畅通，要加强日夜巡逻，特别是夜间随时捞出拦污栅的水草和污物，定期检查排水中的拦鱼栅是否跑鱼，是否被堵后出水不畅。流水鱼池在安全适宜的流量范围，流入水越多，排出水越畅，鱼的生活环境越好，生长得也越快；如若流量太大，或者洪峰时大水漫灌，那就是灾难。

6. 防敌害

水獭、水老鼠、水蛇、野猫和一些水鸟都喜欢吃鱼，一旦钻进流水池就会对鱼造成严重伤害，所以在流水鱼池范围内，要日夜看守，以防损失。

7. 防干旱

由于人为因素，目前许多天然水源水流并不稳定，有时流量不够，有的甚至断流，流水鱼池水流一旦不足，密集的鱼群会很快窒息。遇到上述情况，要将鱼及时转移到外河、水库以网箱或竹箔圈养。因此，流水养鱼场要备一些网箱，找好备用水源，以防万一。

8. 防毒

流水池鱼类集中，要防止农田施药后的水流入鱼池，更要防止坏人投毒，以免造成不必要的损失。

9. 防盗

要建立乡规民约和必要的制度，落实承包责任制，采取联户巡逻，将偷盗分子绳之以法，维护养鱼者的利益。

八、 捕捞

流水养殖淡水鱼时，捕捞是比较容易的：停止进水，将水放干至一定深度，用抄网捞取即可。

第四节　池塘微管增氧养殖

溶氧是池塘养殖鱼类生存的必要条件，溶氧的多少影响着鱼类的生存、生长和产量。采用有效的增氧措施，是提高池塘养殖单位产量和效益的重要手段。

一、 微孔增氧的概念

微孔增氧技术就是池塘管道微孔增氧技术，也称纳米管增氧，是近几年涌现出来的一项水产养殖新技术，是国家重点推荐的一项新型渔业高效增氧技术，有利于推进生态、健康、优质、安全养殖。

微孔管增氧装置是利用三叶罗茨鼓风机通过微孔管将新鲜空气从水深1.5～2米的池塘底部均匀地在整个微孔管上以微气泡形式溢出，微气泡与水充分接触产生气液交换，氧气溶入水中，能大幅度提高水体溶氧含量，达到高效增氧，提高鱼类养殖产量的目的，现已广泛应用于河蟹、泥鳅、黄鳝、鲈鱼、金鱼等水产养殖上。

池塘中溶氧的状况是影响鱼类摄食量及饲料食入后消化吸收率，以及生长速度、饵料系数高低的重要因素。所以，增氧显得尤为重要，使用增氧机可以有效补充水塘中的溶氧。一般用水车式增氧机的池塘，上层水体很少缺氧，但却难以提供池底充足的氧气，所以缺氧都是在池塘底部。池塘微孔增氧技术正是利用了池塘底部铺设的管道，把含氧空气直接输到池塘底部，从池底往上向水体散气补充氧气，使底部水体一样保持高的溶氧，防止底层缺氧引起的水体亚缺氧，同时它也会造成水流的旋转和上下对流，将底部有害气体带出水面，加快对池底氨、氮、亚硝酸盐、硫化氢的氧化，抑制底部有害微生物的生长，改善了池塘的水质条件，减少了病害的发生。在阴天或雨天使用，还可防止下雨过后水体分层造成的水面和水底溶氧分布不均衡。在主机相同功率的情况下，微孔增氧机的增氧能力是水车式增氧机的 3 倍，为当前主要推广的增氧设施。

二、 池塘微孔增氧的类型及设备

1. 点状增氧系统

点状增氧系统又称短条式增氧系统，就像气泡石一样进行工作，在增氧时呈点状分布，具有用微孔管少、成本低、安装方便的优点。它的主要结构由三部分组成，即主管、支管、微孔曝气管。支管长度一般在 50 米以内，在支管道上每隔 2～3 米有固定的接头连接微孔曝气管，而微管也是较短的，一般在 15～50 厘米（图 5-2）。

图 5-2　点状增氧系统的增氧效果

2. 条形增氧系统

条形增氧系统在增氧时呈长条形分布，比点状增氧效率更高一点，当然成本也要高一点，需要的微管也多一点，曝气管总长度在 60 米左右，管间距 10 米左右，每根微管约 30～50 厘米，同时微孔曝气管距池底 10～15 厘米，不能紧贴着底泥，每亩配备鼓风机功率 0.1 千瓦（图 5-3）。

图 5-3　条形增氧系统的布设

3. 盘形增氧系统

这是目前使用效率最高的一种微孔增氧系统，也是制作最复杂的系统，在增氧时，氧气呈盘子状释放，具有立体增氧的效果。使用时用 4～6 毫米直径钢筋弯成盘框，曝气管固定在盘框上，盘框总长度 15～20 米，每亩装 3～4 只曝气盘，盘框需固定在池底，离池底 10～15 厘米。每亩配备鼓风机功率 0.1～0.15 千瓦。

无论是哪种微管增氧系统，它们都需要主机，都是为池塘的氧气提供来源的，因此需要选择好。一般选择罗茨鼓风机，因为它具有寿命长、送风压力高、送风稳定性和运行可靠性强的特点，功率大小依水面面积而定，常用的有 2.2 千瓦、3 千瓦、4 千瓦、5.5 千瓦，15～20 亩（2～3 个塘）可选 3 千瓦一台，30～40 亩（5～6 个塘）可选 5.5 千瓦一台。总供气管架设在池塘中间上部，高于池水最高水位 10～15 厘米，并贯穿整个池塘，呈南北向。总管后面一般接上支管，然后再接微管。

微管的动力配备基本上要满足这样的条件：在水深 1.2～1.8 米的情况下，2.2 千瓦的罗茨鼓风机可供 800 个小孔出气；3 千瓦的罗茨鼓风机可供 1200 个小孔出气。同时水面配备水车式增氧机 0.5 千瓦/亩。

三、 微孔增氧的合理配置

在池塘中利用微孔增氧技术养鱼时，微孔系统的配置是有讲究的，根据相关专家计算，1.5 米以上深的每亩精养塘约需 40～70 米长的微孔管（内外直径为 10 毫米和 14 毫米）。按间隔 60 厘米距离打一个细孔，孔径一般 0.6 毫米。这种纳米管就是管道中布满用纳米技术打的细孔的软管，在不充气状态下，水不会自动压到管内。在水体溶氧低于 4 毫克/升时，开机曝气 2 个小时能提高到 5 毫克/升以上。

对于微管的管径也有一定的要求，水深 1.5～3 米的池塘，用外直径 14 毫米、内直径 10 毫米的微孔管，每根管长度不超过 50 米（图 5-4）。

图 5-4　微孔增氧的主机及主管

四、 微管的布设技巧

利用微孔增氧技术，强调的是微管的作用，因此微管的布设也是很有讲究的，这里以一家养殖鲈鱼的池塘为例来说明微管的布设技巧。这口池塘水深正常蓄水在 1 米，要求微管布在离池底 10 厘米处，也可以说要布设在水平线下 90 厘米处，这样我们可用两根长 1.2 米以上的竹竿，把微孔管分别固定在竹竿的由下向上的 30 厘米处，而后再向上在距微孔管 90 厘米处打一个记号，两人各抓一根竹竿，各向池塘两边把微孔管拉紧后将竹竿插入塘底，直至打记号处到水平为止。在布设管道时，一定要将微管底部固定好，不能出现管子脱离固定桩，浮在水面的情况，这样就会大大降低使用效率。要注意的是充气管在池塘中安装高度尽可能保持一致，底部有沟的池塘，滩面和沟的管道铺设宜分路安装，并有阀门单独控制。如果塘底深浅不在一个水平线上，则以浅的一边为准布管。

五、 安装成本

微孔管道增氧系统的安装成本，大概可分为四个档次，各养殖户要根据自己的经济状况和养殖面积来合理选择安装档次。一是用全新的罗茨鼓风机与纳米管搭配，安装成本 1300～1500 元/亩；二是用旧罗茨鼓风机与纳米管（包括塑料管）搭配，安装成本 800～1000 元/亩；三是用旧罗茨鼓风机与饮用水级 PVC 管搭配，安装成本 500～600 元/亩；四是旧罗茨鼓风机与电工用 PVC 管搭配，安装成本 300～500 元/亩。

六、 使用方法

在鱼类池塘里布设微管的目的是增加水体的溶氧，因此增氧系统的使用方法就显得非常重要。

一般情况下，我们是根据水体溶氧变化的规律，确定开机增氧的时间和时段。4～5 月，在阴雨天半夜开机增氧；6～10 月的高温季节每天开启时间应保持在 6 小时左右，每天下午 4：00 开始开机 2～3 小时，日出前后开机 2～3 小时，连续阴雨或低压天气，可视情况适当延长增氧时间，可在夜间 9:00～10:00 开机，持续到第 2 天中午；养殖后期，勤开机，促进鱼类的生长。

另外在晴天中午开 1～2 小时，搅动水体，增加底层溶氧，防止有害物质的积累；在使用杀虫消毒药或生物制剂后开机，使药液充分混合于养殖水体中，而且不会因用药引起缺氧现象；在投喂饲料的 2 小时内停止开机，保证鱼类吃食正常。

七、 微孔增氧养殖实际效果

采用微孔增氧技术养殖鱼类技术后，由于水环境得到改善，水中氧气充足，池塘水质稳定，减小了鱼类的应激反应，鱼类病害少，活力强，吃食旺盛，生长快，个体大，增重显著，规格大而均匀，所以，除了产量提高外，销售价格也得到提升，整体效益显著提高 20％左右。

八、 微孔池塘内的鱼类养殖技术

在布设微孔增氧的池塘内，鱼类的养殖技术和日常管理与池塘养殖是一样的，前文已经讲述。只是由于溶氧的增加，在投放苗种时，可以适当增加10%的放养量，在投喂时也可以适当增加日投饵量。

第五节　池塘循环水养鱼

池塘循环水养鱼（简称IPA）又叫跑道养鱼，这是一项全新的养殖理念和养殖技术，主要的原理就是利用养殖槽（又称鱼的跑道）养殖吃食性的鱼类，并在槽的末端安装有集粪区，能将养殖鱼类的主要粪便收集走，余下的粪便进入外塘利用滤食性的鱼类和水草进行净化，净化好的水体可以再次利用来养鱼。

一、 池塘循环水养鱼的由来

20世纪20年代起，美国的专家、教授们将鱼养在浮于水体的类似盒子样的围栏中，开始研究利用水泵或叶轮推动水体流过水槽进行养鱼的技术，他们设计开发的几种养殖模式先后都获得了专利。至90年代，亚拉巴马州奥本大学蔡珀教授设计开发出利用电机带动叶轮转动，形成流水的池塘水槽养殖系统。养殖单产达到50千克/米³左右。微孔管出现后，又设计出气提式增氧推水装置，即通过风机将空气压缩到底层微孔管，气体溢出后经45°角的导流板（又叫挡水板）将水体提流通过水槽养殖区和废弃物收集区，从水槽另一端排入外围净化区，利用这套设施养殖斑点叉尾鮰和尼罗罗非鱼，放养密度平均为每立方米养殖水体放养326～543尾，在此放养密度情况下，鱼的生长率和饲料转化率没有差异。养殖斑点叉尾鮰和尼罗罗非鱼的平均单产为136千克/米³水体，亚拉巴马州西部一个池塘水槽养殖场的斑点叉尾鮰产量已超过200千克/米³，饲料转化率平均为1.5∶1，综合生产成本低于当前池塘养殖平均水平。

美国在池塘循环水养鱼中养殖的鱼类品种有：斑点叉尾鮰、蓝叉尾鮰、斑点叉尾鮰×蓝叉尾鮰，以及尼罗罗非鱼、杂交鲈鱼、蓝鳍太阳鱼、黄河鲈和虹鳟。

二、 池塘循环水养鱼在我国的推广

2012 年 7 月全国水产技术推广总站与美国大豆协会组织上海、江苏、安徽、湖北、广东五省（市）的水产技术推广总站站长赴美参观、考察美国 IPA 养殖项目，2013 年美国大豆协会与江苏省水产技术推广总站在苏州吴江平望水产养殖场开展 IPA 养殖试点，每立方米水体产草鱼 125 千克。当年 6～9 月份奥本大学蔡珀教授在江苏、安徽、广东举行了专题讲座，就 IPA 的概念、基本模式和完善过程进行了讲解和分析。安徽省 IPA 项目启动于 2014 年初，由六安市华润养殖有限公司和铜陵市张林渔业有限公司率先建成四套 IPA 系统。槽总长为 28 米（其中气体式增氧推水设备安装占用 1.5～2.0 米，养殖区 22 米，废弃物收集区 4 米），养殖槽宽度 5 米，深 2.3～2.5 米。一套养殖设备包含 3～6 个养殖槽，性价比最高，养殖管理效果最好。养殖品种有黄颡鱼、斑点叉尾鮰、加州鲈鱼、草鱼，其中草鱼和斑点叉尾鮰养殖最为成功，单产分别达到 147 千克/米^{3}和 129 千克/米^3。在六安市政府的推动下，2014 年底仅六安市就建成了 11 套 IPA 养殖系统。至今，全省共建 IPA 养殖系统 33 套，122 条养殖槽，面积 14000 米^2，养殖水体 25230 米^3，产能达 380 万千克，规模仅次于江苏省。安徽省水产技术推广总站及全省池塘循环流水养殖产业技术联盟开展养殖试验示范，2015 年与 8 家、2016 年与 12 家养殖企业合作，2017 在 18 家企业进行试验示范，年底测产验收，草鱼、团头鲂、鲫鱼、鲈鱼养殖效果较好，试验养殖草鱼、团头鲂、鲫鱼、斑点叉尾鮰、青鱼以及鲈鱼、鳜鱼、黄颡鱼，池塘循环流水试验养殖草鱼折合至全塘平均亩产 2320 千克，比一般精养塘平均单产量高出 56%；生产每吨鱼平均耗水 460 米^3，比普通池塘养殖每吨鱼耗水 1585 米^3，单位节水率为 78.5%；养殖草鱼吨鱼渔药费用为 46 元，相比池塘主养草鱼吨鱼渔药费用 270 元，节药费用 224 元，药品费用节本近 50 元。单位面积养殖收入提高 135%，纯利润提高 116%，减排 70% 以上。养殖管理、投喂、捕捞、防病都非常方便，商品鱼品质好，被誉为"健美鱼"。

池塘循环水养鱼布局如图 5-5 所示。

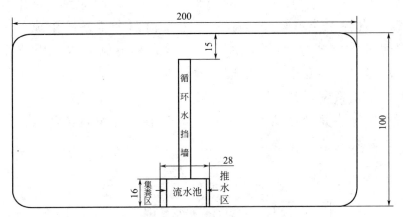

图 5-5 池塘循环水养鱼布局（单位：米）

池塘循环水养鱼流水养殖槽如图 5-6 所示。

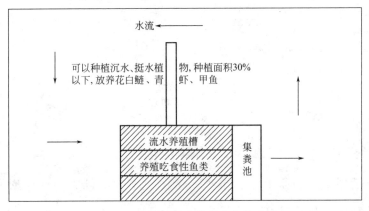

图 5-6 池塘循环水养鱼流水养殖槽

池塘循环流水养殖土建工程采用最经济的砖混结构建造，工程设备在养殖试验示范基础上，在产业技术体系专家研究成果支持下，不断改进完善，实现高密度养殖，零水体排放。

三、 池塘循环水养鱼的系统及优势

1. 组成系统

池塘循环水养鱼是一种低碳高效的池塘循环流水养殖方法，也是传统池塘养鱼与流水养鱼技术的结合，将传统池塘"开放式散养"模式革新为池塘循环流水"生态式圈养"模式，即是在流水养鱼槽中高密度"圈养"吃食性鱼类。该项技术系统主要由四个子系统组成：①在养殖槽中通过气体式提推水动力装置，形成高溶氧流水"圈养系统"；②在流水养殖槽尾部设计安装废弃物收集系统（图5-7）；③外围池塘水质生态净化系统，其内放养花白鲢、螺蛳等水生动物，适当栽种沉水或挺水植物，并设置动力推水设施，使整个养殖系统的水体形成大循环；④物联网信息化管理系统。

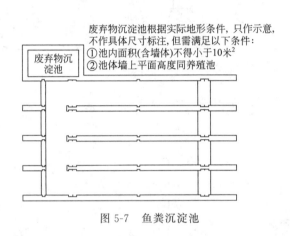

图 5-7 鱼粪沉淀池

2. 优势

池塘循环水养鱼是节水、节地、节能、节约劳动力的环保型的养殖新技术，具有以下技术优势：

① 能有效地提高产量，养殖槽内正常产量 150 千克/米³ 左右，但仍然有较大的提升空间。②在这种模式中生长的鱼类，生活在水质相对较好的高溶氧流水中，成活率大幅提高，2014 年安徽省 12 条养殖槽，养殖平均成活率达到 96.8%。③饲料消化吸收率高，病害少。养殖过程很少或无须使用渔药及调水剂，水产品品质更有保障。④投饲和管理以及捕捞变得非常简单，劳动效率高，劳动力成本低。⑤相对于普通的高产精养塘可以降低单位产量的能耗，养殖每千克鱼耗电量 0.33～0.37 度（千瓦·时）。⑥该系统能够有效地收集养殖鱼类的排泄物和残剩的饲料，实现真正意义上的养殖水体零排放，减少环境氮磷负荷。⑦一套循环水养殖系统包含多

条流水养殖槽，可进行多品种养殖，避免养殖单一品种的市场风险，同时也可以进行同一品种多规格的养殖，均衡上市，也有利于资金的周转。⑧可以通过物联网和水质在线监测，实现养殖管理的信息化和远程管理。

四、 养殖模式和效益分析

基于由安徽省水产技术总站高级工程师魏泽能根据这几年推广该项技术所做试验工作的第一手资料，分析如下：

1. 商品草鱼养殖模式

（1）技术要点　当年11月至翌年3月，每条养殖槽放养规格0.20～0.75千克/尾的大规格草鱼种8000～12000尾，投喂蛋白质含量28%～30%的膨化饲料，7月底鱼价较高时可以陆续捕捞出售，出售规格1.25千克/尾以上。每条养殖槽产量20000～25000千克，即100～126千克/米³，饲料系数1.7～2.0。例如安徽六安华润公司在2014年试验1号养殖槽养殖周期143天，成活率96.7%，草鱼增重3.03倍，饵料系数（FCR）1.62，投入产出比1∶1.31。商品草鱼产量27521千克，外塘花白鲢产量16800千克，流水养殖槽单产139千克/米³。总产值369452元，其中商品草鱼330252元，花白鲢39200元。总成本282077元，纯收入87375元，单位利润441元/米³。

（2）注意事项

① 鱼种规格越大，应激反应越强烈，放养时死亡率越高。因此在鱼种放养前要多次拉网密集锻炼，放养时带水操作，勿使鱼体受伤。

② 早春季节一台气体式增氧推水设备间歇性开启，仲春全天开启1～2台，晚春至初夏增氧推水设备全部开启。

③ 春季养殖槽和外围池塘需要杀虫2次，养殖季节养殖槽内需消毒2～3次，消毒时关闭增氧推水设备，开启底增氧。

④ 坚持进行水质检测，当氨氮含量上升到1.0毫克/毫升以上时，需要采取措施进行生物降解。

2016年养殖商品草鱼几个典型试验示范点的放养和收益情况见表5-9。

表 5-9　池塘循环流水养殖商品草鱼试验示范

单位	放养					收获						
	品种	规格/(克/尾)	放养重量/千克	放养尾数/尾	密度/(尾/米³)	日期	规格/(千克/尾)	总重量/千克	单产/(千克/米³)	成活率/%	饲料系数	利润/万元
六安华润水产养殖有限公司	草鱼	250	3000	12000	60.6	8.17	2.15	25360	128.1	98.3	1.46	8.4
滁州长江水产良种场	草鱼	726	8420	11600	58.6	8.9	2.08	23640	119.4	98.0	1.80	6.9
芜湖天成生态养殖有限公司	草鱼	260	2600	10000	50.5	11.6	2.50	22500	113.6	90.0	1.73	5.1
安庆潜山县国其水产养殖有限公司	草鱼	210	3154	15020	75.9	7.19	1.36	19406	98.0	95.0	1.56	8.9
阜阳市太和县王华义家庭农场	草鱼	252	3400	13500	68.2	1.17	1.97	26380	133.2	99.0	1.90	7.2

2. 商品团头鲂养殖模式

（1）技术要点　当年 11 月至翌年 3 月，每条养殖槽放养规格 0.05～0.20 千克/尾的团头鲂鱼种 18000～25000 尾，投喂蛋白质含量 30% 的膨化饲料，夏季高温鱼价较高时可以陆续捕捞出售，出售规格 0.5 千克/尾以上。每条养殖槽产量 10000～12500 千克，即 50～63 千克/米³，饲料系数 1.7～2.0。

（2）注意事项　团头鲂鱼种较为娇嫩，拉网锻炼要细心带水操作，勿使鱼体受伤。其他管理同草鱼。

2016 年养殖商品团头鲂几个典型试验示范点的放养和收益情况见表 5-10。

表 5-10　池塘循环流水养殖商品团头鲂试验示范

单位	放养					收获						
	品种	规格/(克/尾)	放养重量/千克	放养尾数/尾	密度/(尾/米³)	日期	规格/(克/尾)	总重量/千克	单产/(千克/米³)	成活率/%	饲料系数	利润/万元
安庆潜山县国其水产养殖有限公司	团头鲂	125	3125	25000	126	9.9	562	12814	64.7	91.2	1.67	8.78
巢湖江涛水产食品有限公司养殖基地	团头鲂	85	1572.5	18500	93	10.28	708	11526	58.2	88.0	1.80	6.3
池州贵池世外胜梅家庭农场	团头鲂	70	1400	20000	101	9.26	556	10085	50.9	90.7	1.73	4.26
庐江万山何其广水产养殖家庭农场	团头鲂	65	1275	19600	99	11.19	636	11593	58.6	93.0	1.86	3.88

3. 斑点叉尾鮰养殖模式

（1）技术要点　2～5月，每条养殖槽放养规格0.05～0.15千克/尾的斑点叉尾鮰鱼种20000～25000尾，投喂蛋白质含量32%的斑点叉尾鮰专用膨化饲料，秋冬季捕捞规格0.75千克/尾以上。每条养殖槽产量15000～17500千克，即75～88千克/米³，饲料系数1.7～2.0。

（2）注意事项　斑点叉尾鮰胸鳍、背鳍具有鳍棘，密集锻炼、运输或受到其他应激时，鳍棘张开，伤及鱼种皮肤，春季易引发水霉病；夏季注意预防肠道败血症（爱德华菌病），其他管理同草鱼。

2016年养殖商品斑点叉尾鮰几个典型试验示范点放养和收益情况见表5-11。

表5-11　池塘循环流水养殖斑点叉尾鮰试验示范

单位	放养				收获						
	品种	规格/（克/尾）	放养重量/千克	放养尾数/尾	密度/（尾/米³）	日期	规格/（克/尾）	总重量/千克	单产/（千克/米³）	成活率/%	饲料系数	利润/万元
铜陵张林渔业有限公司	斑点叉尾鮰	125	2625	21000	106	10.20	918	17850	90.2	92.6	1.91	9.2
庐江湖源水产原生态养殖场	斑点叉尾鮰	75	1650	22000	111	11.2	812	16630	84.0	93.1	1.83	8.4
安徽黄湖渔业有限公司	斑点叉尾鮰	110	2475	22500	114	11.26	915	18878	95.3	91.7	1.88	8.9

4. 商品鲫鱼养殖模式

（1）技术要点　当年11月至翌年3月，每条养殖槽放养规格0.05～0.1千克/尾的鲫鱼鱼种30000～40000尾，投喂蛋白质含量32%的鲫鱼专用膨化饲料，夏季高温鱼价较高时可以陆续捕捞出售，出售规格0.25千克/尾以上。每条养殖槽产量10000～12500千克，即50～63千克/米³，饲料系数1.8～2.0。

（2）注意事项　拉网密集锻炼，运输要细心带水操作，勿使鱼种大片掉鳞，否则春季会引发水霉病；夏季注意预防细菌性出血性败血症和鲤疱疹病毒-Ⅱ型疾病，其他管理同草鱼。

2016年养殖商品鲫鱼几个典型试验示范点放养和收益情况见表5-12。

表 5-12　池塘循环流水养殖商品鲫鱼试验示范

| 单位 | 放养 | | | | | 收获 | | | | | | |
	品种	规格/（克/尾）	放养重量/千克	放养尾数/尾	密度/（尾/米³）	日期	规格/（克/尾）	总重量/千克	单产/（千克/米³）	成活率/%	饲料系数	利润/万元
池州贵池世外胜梅家庭农场	鲫鱼	115	4025	35000	176	8.29	327	10792	54.5	94.3	1.87	5.2
寿县绿园特种水产生态养殖有限公司	黄金鲫	85	2720	32000	162	7.28	415	13080	66.0	98.5	1.72	6.3
安庆皖宜季牛水产养殖有限公司	鲫鱼	70	1750	25000	126	10.26	422	9990	50.5	94.7	1.9	3.1

5. 商品青鱼养殖模式

（1）技术要点　当年 11 月至翌年 3 月，每条养殖槽放养规格 0.25～1.0 千克/尾的青鱼鱼种 7000～10000 尾，投喂蛋白质含量 38％以上的青鱼膨化饲料，秋冬季捕捞规格 2.5 千克/尾以上。每条养殖槽产量 15000～20000 千克，即 63～88 千克/米³，饲料系数 1.8～2.0。

（2）注意事项　放养大规格青鱼种应避免应激，其他管理同草鱼。

2016 年养殖商品青鱼几个典型试验示范点放养和收益情况见表 5-13。

表 5-13　池塘循环流水养殖商品青鱼试验示范

| 单位 | 放养 | | | | | 收获 | | | | | | |
	品种	规格/（克/尾）	放养重量/千克	放养尾数/尾	密度/（尾/米³）	日期	规格/（千克/尾）	总重量/千克	单产/（千克/米³）	成活率/%	饲料系数	利润/万元
芜湖天成水产养殖有限公司	青鱼	250	2500	10000	50	12.29	2.3	21460	108.4	93.3	1.81	3.78
巢湖江涛水产食品有限公司养殖基地	青鱼	450	3375	7500	40	11.2	3.2	21720	109.7	90.5	1.78	4.3
安庆皖宜季牛水产养殖有限公司	青鱼	1000	6000	6000	33	1.16（2017）	4.1	21940	110.8	89.2	1.97	4.36

6. 商品鳜鱼养殖模式

（1）技术要点　滁州长江水产良种场使用一条槽养殖鳜鱼，6 月中旬放养自行繁育的鳜鱼种 20000 尾，规格 5 厘米，成活率几乎 100％，每周投放自己培育的白鲢、鲤鱼、鲫鱼等饵料鱼 300 千克，后期增加到每周投喂 500 千克。2017 年春节前捕捞规格 0.5 千克/尾以上商品鳜鱼 4700 千克，小规格鳜鱼存塘量约 5000 千克以上，2017 年 4 月底捕捞上市。

（2）注意事项

① 放养的鳜鱼种最好是在孵化环道里培育至 5 厘米以上时直接放养到循环水养殖槽中，成活率高。

② 养殖初期外围池塘需要使用硫酸铜和硫酸亚铁合剂杀虫 2 次，使用硫酸铜加硫酸亚铁合剂在养殖槽中挂袋。

③ 每条养殖槽至少配备 80 亩的饵料鱼培育池。饵料鱼投放要及时充足，否则鳜鱼个体生长差异很大。

7. 商品鲈鱼养殖模式

（1）技术要点　巢湖九成生态农业有限公司使用三条养殖槽养殖加州鲈鱼。共投放鲈鱼苗 7.5 万尾。其中一号池 5 月 18 日投放规格 6～10 厘米鱼种 18000 尾，二号池 5 月 26 日投放规格 6～8 厘米鱼种 27000 尾，三号池在 6 月 4 日投放规格 5～7 厘米鱼种约 30000 尾。11 月中旬一号池起捕 400 克/尾以上规格 4200 尾，150～400 克/尾规格 3600 尾，成活率 42%，最大个体达 0.7 千克。二号池规格 300～400 克/尾占 60% 以上，其余规格小于 150 克/尾，成活率约 50%。三号池鱼苗小，起捕规格绝大部分小于 250 克/尾，成活率约 45%，使用粗蛋白质含量 41% 的鲈鱼专用料，饵料系数 1.45。

（2）注意事项　放养鱼种规格要整齐，增加投料频次。

8. 商品黄颡鱼养殖模式

（1）技术要点　六安华润公司使用两条养殖槽养殖全雄黄颡鱼，6 月 10 日放养规格分别为 78 尾/千克、82 尾/千克，一条养殖槽放养 1540 千克，12 万尾；另一条养殖槽放养 1585 千克，13 万尾。10 月中旬，分别收获 10660 千克、9390 千克。平均规格为 128 克和 118 克，成活率分别为 69.4%、61.2%，使用自行配制加工生产的蛋白质含量 40% 的饲料，饲料系数分别为 1.4 和 1.36。

（2）注意事项　避免冬季和春季低水温放养，否则鳍棘伤及鱼种皮肤，易引发水霉病和腐皮病，死亡率很高。

五、 该项技术对节能减排的作用

在池塘循环水养殖中，废弃物收集装置在晚春、夏季、秋季鱼类吃食后 40 分钟开启 20~30 分钟，每天早中晚吸污三次，平均吸污 180 天。安徽省安装的废弃物收集的标准设备吸污量 6.0 米³/时，经测定，吸出污水中沉淀的固体污物平均占 22.1%，吸出污水中污物干重平均为 2.37 克/升。一个养殖周期能够吸出污水 1890 吨，排除污物的干重为 4479.3 千克。平均每条养殖槽产量 2.02 万千克，平均饲料系数 1.8，投喂 3.636 万千克饲料。鱼类综合排粪量一般为摄食量的 8.5%~23.5%（与饲料种类、品种、鱼体摄食量、水温、溶氧有关。肉食性鱼类吸收率 70%~98%，植物和腐屑食性鱼类为 31%~88%，杂食性鱼类为 48%~90%），每条养殖槽一个养殖周期的平均排粪量为 6550 千克（鱼的实际膨化颗粒饲料排粪量平均按 18% 计算）。因此，管理工人比较负责的情况下，废弃物收集率能够达到 68.4%。

另外，鱼类氮排泄主要是通过鳃，排出的含氮物直接溶于水，经常出现外围净化池塘的水质较浓的情况。在外塘岸边种茭白、菖蒲等挺水植物面积 3%~5%，有浅水区的情况下种植伊乐藻、苦草、菹草、马来眼子菜等，占总面积 15%~20%；水面安置生态浮床，占总面积 10%~15%；水草品种有水花生、雍菜、鱼腥草、水葫芦等（要用密网保护水草根部），投放规格 250 克/尾的黄白鲢 200 尾/亩，螺蛳 50 千克/亩，青虾 5 千克/亩。以池塘循环水养殖的草鱼为例，草鱼氮素的产排污系数 10 克/千克，养殖草鱼平均亩产 2320 千克，排出氮素总量 23.2 千克，外塘每亩收获鳙鱼 90 千克，鲢鱼 150 千克。每生产 500 克的鳙鱼可从池水中吸收 14.26 克的氮、0.61 克的磷和 56.91 克的碳；每生产 500 克的白鲢，可从水中吸收 4.92 克的氮、0.87 克的磷和 60.71 克的碳。鲢鱼、鳙鱼可固定氮素 3.25 千克。每生长 1 千克的水草的生产量，相当于水体脱 N 0.393 克和脱 P 0.025 克。净化区可生长挺水植物湿重 2360 千克，沉水植物 5252.6 千克，浮床植物 6378.2 千克（平均每条养殖槽挺水植物生长面积 240 米²，沉水植物生长面积 1050 米²，浮床植物生长面积 750 米²），固定氮素 5.498 千克。此外，水体内的浮游植物、动物、微生物、底栖生物均可以固氮。通过以上生物生态净化措施，水质可以长期保持养殖用水水质标准。

六、 养殖建议

① 池塘循环流水养殖是一个全新的养殖模式，是对传统池塘养殖的

一次革命性改变，也是未来水产养殖尾水处理的一个方向。由于引进国内时间不长，需要大量的基础研究和专项资金加以推动，建议有实力的养殖企业积极开展养殖技术研究和设施设备的研发，积极推广，实力较小的养殖户可以先实习总结。

② 池塘循环流水养殖理论先进，技术可操作性强，也是一套整体养殖技术系统，强化鱼类养殖区和水质净化区有机结合，维持整个养殖系统物质和能量高效流动。同时要把养殖生态系统与社会生态、经济生态相结合，加强教育培训，提高从业者理论素养和管理素质，提高公益性服务和经营性服务水平，提升产业发展水平。

③ 利用池塘循环水养殖的模式，积极构建池塘循环流水养殖与稻渔、藕塘、蟹池相结合的多种养殖模式。每条养殖槽可以配套 15～20 亩稻田，采取池塘循环流水与稻渔综合种养模式结合，利用循环流水养殖的粪便和尾水，在稻田不施人工肥料和不增加额外生产费用的情况下，可以收获水稻 450 千克/亩，小龙虾 100 千克/亩或异育银鲫 65 千克/亩，做到一田三用，一水三收。另外每条养殖槽可以配套 3～5 亩藕池，利用循环流水养殖的粪便和尾水，藕池减少人工肥料使用量 60%，莲藕增产 14.8%，达 2010 千克/亩。每条养殖槽还可以配套 20～30 亩蟹池，池中的伊乐藻、苦草、轮叶黑藻生长旺盛，池水清洁，氨氮含量始终在 0.65 毫克/升以下，河蟹生长较好，亩增产河蟹 13.2 千克，增产 8.6%。每条养殖槽配套吊养 1.75 万只植株蚌，池水肥度适中，氨氮含量保持在 0.8 毫克/升以下，河蚌生长较好，亩增收近 2000 元。

第六章

鱼病防治

第一节　影响鱼病发生的因素

一、　鱼病发生的原因

为了更好地掌握鱼类发病规律和防止鱼病的发生，必须了解发病的病因。根据鱼病专家长期的研究和我们在养殖过程中的细心观察表明，鱼类发生疾病的原因可以从内因和外因两个方面进行分析，因为任何疾病的发生都是由于机体所处的外部因素与机体的内在因素共同作用的结果。在查找病源时，不应只考虑某一个因素，应该把外界因素和内在因素联系起来加以考虑，才能正确找出发病的原因。根据鱼病专家分析，鱼病发生的原因主要包括致病生物的侵袭、鱼体自身因素、环境条件的影响和养殖者人为因素等的共同作用。

二、　致病生物对鱼病发生的影响

1. 致病生物

常见的鱼类疾病多数都是由于各种致病的生物传染或侵袭到鱼体而引起的，这些致病生物称为病原体。能引起鱼类生病的病原体主要包括真菌、病毒、细菌、霉菌、藻类、原生动物以及蠕虫、蛭类和甲壳动物等，这些病原体是影响鱼类健康的罪魁祸首。在这些病原体中，有些个体很小，需要将它们放大几百倍甚至几万倍后才能看见，鱼病专家称它们为微生物，如病毒、细菌、真菌等。由于这些微生物引起的疾病具有强烈的传染性，所以又被称为传染性疾病。有些病原体的个体较大，如蠕虫、甲壳动物等，统称为寄生虫，由寄生虫引起的疾病又被称为侵袭性疾病或寄生虫病。

2. 致病生物发病的因素及处理

病原体能否侵入鱼体，引起疾病的发生，与病原体传染力的大小和病原体是否在宿主体内定居、繁衍以及从宿主体内排出的数量有密切关系。就数量关系来说，在鱼体中，病原体数量越多，鱼病的症状就越明显，严重时可直接导致鱼类大量死亡。就毒力因素而言，毒力较弱的病原体只有大量侵入鱼体时，才能引起鱼体感染致病，而毒力较强的病原体即使少量感染也能引起疾病的发生。水体条件恶化，有利于寄生生物的生长繁殖，其传染能力就较强，对鱼类的致病作用也明显。如果利用药物杀灭或生态学方法抑制病原体活力来降低或消灭病原体，例如定期用生石灰对养殖池塘进行消毒，或向水体投放硝化细菌或芽孢杆菌达到增加溶氧和净化水质的目的等生态学方法处理水环境，就不利于寄生生物的生长繁殖，对鱼类的致病作用就明显减轻，鱼病发生机会就降低。因此，切断病原体进入养殖水体的途径，应根据鱼类的病原体的传染力与致病力的特性，有的放矢地进行生态防治、药物防治和免疫防治，将病原体控制在不危害鱼类的程度以下，减少鱼病的发生。

3. 动物类敌害生物

在池塘养殖时，有些能直接吞食或直接危害鱼类的敌害生物，如池塘内的青蛙会吞食鱼的卵和幼鱼，池塘里如果有乌鳢生存，喜欢捕食各种小型鱼类作为活饵，尤其是在它的繁殖季节，一旦它的产卵孵化区域有鱼类游过，乌鳢亲鱼就会毫不留情地扑上去捕食这些鱼，因此池塘中有这些生物存在时，对养殖品种的危害极大，要及时予以捕杀。

根据我们的观察及参考其他养殖户的实践经验，认为在池塘养殖时，鱼类的敌害主要有鼠、蛇、鸟、蛙、其他凶猛鱼类、水生昆虫、水蛭等，这些天敌一方面直接吞食幼鱼而造成损失；另一方面，它们已成为某些鱼类寄生虫的宿主或传播途径，例如复口吸虫病可以通过鸥鸟等传播给其他鱼类。

4. 植物类敌害生物

一些藻类如卵甲藻、水网藻等对鱼类有直接影响。水网藻常常缠绕幼鱼并导致死亡；而嗜酸卵甲藻则能引起鱼类发生"打粉病"。

三、 自身因素对鱼病发生的影响

鱼体自身因素的好坏是抵御外来病原菌的重要因素，一尾自身健康的鱼能有效地预防部分鱼病的发生，自身因素与鱼体的生理因素及鱼类免疫能力有关。

1. 鱼的生理因素

鱼类对外界疾病的反应能力及抵抗能力随年龄、身体健康状况、营养、大小等的改变而有不同。例如车轮虫病是苗种阶段常见的流行病，而随着鱼体年龄的增长，即使有车轮虫寄生，一般也不会引起疾病的产生。另外鱼鳞、皮肤及黏液是鱼体抵抗寄生物侵袭的重要屏障。健康的鱼或体表不受损伤的鱼，病原体就无法进入，像打印病、水霉病等就不会发生。而当鱼体不小心受伤，又没有对伤口进行及时消炎处理时，病原体就会乘虚而入，导致各类疾病的发生。

2. 免疫能力

将同一种鱼饲养在同一个饲养水体中，会出现有的鱼生病，有的鱼不生病的现象，说明不同个体对病原体有不同的抵抗力，这种对病原体的抵抗力也被称为免疫力。在受到病原体袭击时，免疫力强的鱼体可以抵抗病原体的入侵，而免疫力弱的鱼体就可能因为不能抵抗病原体入侵而发病。病原微生物进入鱼体后，常被鱼类的吞噬细胞所吞噬，并吸引白细胞到受伤部位，一同吞噬病原微生物，表现出炎症反应。

如果吞噬细胞和白细胞的吞噬能力难以阻挡病原微生物的生长繁殖速度时，局部的病变将随之扩大，超过鱼体的承受力而导致鱼体死亡。另外同一种鱼在不同的生长阶段，对某一种病原体的免疫能力是不同的。例如，白头白嘴病的病原体只能感染幼小的金鱼、锦鲤，当鱼体长到5厘米以上时，就不容易再受到感染了，如苗种期得小瓜虫病的机会要大于成鱼期。

四、 环境条件对鱼病发生的影响

水产养殖环境状况不断恶化是鱼病发生的首要原因，另外养殖生产者自我污染也比较普遍。

环境条件既能影响病原体的毒力和数量，又能影响鱼体的内在抗病能力。很多病原体只能在特定的环境条件下才能引起疾病发生，而优良的生活环境是保证鱼类健康的前提，在这种生活环境中的鱼类是很少得病的，而且它们长势良好，品质和味道也非常棒。根据我们的经验，认为环境方面的因素主要包括水温、水质、底质、酸碱度、溶氧量、毒物等物理因素。

1. 水温

鱼类是冷血动物，体温随外界环境尤其是水体的水温变化而发生改变，所以说对鱼类的生活有直接影响的主要是温度。当水温发生急剧变化，主要是突然上升或下降时，鱼类机体和体温由于适应能力不强，不能正常随之变化，就会发生病理反应，导致抵抗力降低而患病。鱼类对温度的适应能力因鱼种、个体发育阶段的不同，差别较大，一般不宜超过3℃，例如亲鱼或鱼种进温室越冬时，进温室前后的水的温差不能相差过大，如果相差2～3℃，就会因温差过大而导致鱼类"感冒"，甚至大批死亡。还有一点需要注意的是，虽然短时间内温差变化不大，但是长期的高温或低温也会对鱼类产生不良影响，如水温过高，可使鱼类的食欲下降。因此，在气候突然变化或者鱼池换水时均应特别注意水温的变化。

2. 水质

鱼类生活在水环境中，水质的好坏直接关系到鱼类的生长，好的水环境将会使鱼类不断增强适应生活环境的能力。如果生活环境发生变化，就可能不利于鱼类的生长发育，当鱼类的机体适应能力逐渐衰退而不能适应环境时，就会失去抵御病原体侵袭的能力，导致疾病的发生。因此在我们水产行业内，有句话就是"养鱼先养水"，就是要在养鱼前先把水质培育成适宜鱼养殖的"肥、活、嫩、爽"的标准。影响水质变化的因素有水体的酸碱度（pH）、溶氧（DO）、有机耗氧量（BOD）、透明度、氨氮含量等理化指标。

3. 底质

底质对池塘养殖的影响较大。底质中尤其是淤泥中含有大量的营养物质与微量元素，这些营养物质与微量元素对饵料生物的生长发育、水草的生长与光合作用都具有重要意义；当然，淤泥中也含有大量的有机物，会导致水体耗氧量急剧增加，往往造成池塘缺氧泛塘；同时，有学者指出，在缺氧条件下，鱼体的自身免疫力下降，更易发生疾病。

4. 酸碱度

一般地讲，酸碱度即 pH 值在 5.5～9.5 这个范围内（海水的 pH 值则可升高到 9.0～10.0 的范围），鱼类都能生存，但以 pH 值在 7.5～8.5，即中性偏碱为最适范围（淡水鱼）。当水质偏酸时，鱼体生长缓慢，pH 值在 5～6.5 时，许多有毒物质在酸性水中的毒性也往往增强，导致鱼类体质变差，易患打粉病。在饲养过程中可用石灰水进行调节，也可用 1％ 的碳酸氢钠溶液来调节水的酸碱度。但是若饲养水过度偏碱，pH 值高于 9.5 以上时，鱼的鳃会受刺激而分泌大量的黏液，妨碍鱼体的正常呼吸，即使在溶氧丰富的情况下也易发生浮头现象，最终导致鱼类生长不良，极易患病，甚至死亡。此时可用 1％ 的磷酸二氢钠溶液来调节 pH 值。

5. 溶氧量

鱼类在水体中生活，它们的生长和呼吸都需要氧气，水体中的溶氧量的高低对鱼的正常生活有直接影响，当饲养水中溶氧不足时，鱼体会出现浮头，过度不足时，鱼就会因窒息而死亡。例如在饲养过程中如果鱼的密度大，又没有及时换水，水中鱼类的排泄物和分泌物过多、微生物滋生、蓝绿藻类浮游生物生长过多，都可产生水质变浑、变坏等恶化现象，导致溶氧量降低，使鱼发病；另外在水温高、阴雨天的时候，水中溶氧量都会大大下降，必须注意及时开动增气机，来人工增氧。如果水体中溶氧过多过饱和，则又会造成鱼苗和鱼种患气泡病。

水中的溶氧受各种外界因素的影响而时常变化着。一般夏季日出前 1 小时，水中溶氧最低，在下午 2 时到日落前 1 小时，水中溶氧最大，冬季一般变化不大。水中的溶氧还受饲养密度、水中浮游动物的数量、腐殖质的分解、水中杂质、水温的高低、日光的照射程度、风力、雨水、气压变化、空气的湿度、水面与空气接触面大小以及水草等方面因素影响而变化。

溶解于水中的氧气，一是来自水与空气接触面，水表面和水上层的氧气往往多于下层和底层；在高温和气压低的天气，不仅溶于水的氧气减少，有时甚至氧气从水中逸出。二是来自水生植物、浮游植物的光合作用，白天水中的溶氧高于夜间，夜间水生植物停止光合作用，其呼吸及水中动物都需要消耗氧。

要保持水体中较高的溶氧量，可以从以下几个角度来考虑：①考虑适宜的放养密度，以减少鱼类自身的耗氧；②加强池塘的水渠配套系统，经常换掉部分老水，输入含氧量高的清洁的新水；③种植培养适量的水草，增强水草光合作用而带来的溶氧；④采用人工增氧，主要有开启增氧机、投放增氧剂。

6. 毒物

对鱼类有害的毒物很多，常见的有硫化氢以及各种防治疾病的重金属盐类。这些毒物不但可能直接引起鱼类中毒，而且能降低鱼体的防御机能，致使病原体容易入侵。急性中毒时，鱼在短期内会出现中毒症状或迅速死亡。当毒物浓度较低时，则表现出慢性中毒，短期内不会有明显的症状，但鱼类生长缓慢或出现畸形，容易患病。现在各个地方甚至农村，各种工厂、矿山、工业废水和生活污水日益增多，含有一些重金属毒物（铅、锌、汞）、硫化氢、氯化物等物质的废水如进入鱼池，重则引起池鱼的大量死亡，轻则影响鱼的健康，使鱼的抗病机能削弱或引起传染病的流行。例如有些地方，土壤中重金属盐（铅、锌、汞等）含量较高，在这些地方修建鱼池，容易引起弯体病。

五、 人为因素对鱼病发生的影响

1. 操作不慎

我们在饲养过程中，经常要给养鱼池换水、拉网捕捞、鱼种运输、亲鱼繁殖以及人工授精，有时会因操作不当或动作粗糙，使鱼受惊蹦到地上或器具碰伤鱼体，都可损伤鱼体表的黏液和皮肤，造成皮肤受伤出血、鳍条开裂、鳞片脱落等机械损伤，引起组织坏死，同时伴有出血现象。例如，烂鳃病、水霉病易通过此途径感染。

2. 外部带入病原体

在鱼类养殖中，我们发现有许多病原体都是人为地由外部带入养殖池的，主要表现在从自然界中捞取天然饵料、购买鱼种、使用饲养用具等时，由于消毒、清洁工作不彻底，可能带入病原体。例如病鱼用过的工具未经消毒又用于无病鱼池的操作，或者新购鱼种未经隔离观察就放入池塘中，这些有意或无意的行为都能引起鱼病的重复感染或交叉感染。例如，小瓜虫病、烂鳃病等易通过这种途径感染发病。

3. 饲喂不当

鱼类如果投喂不当，投食不清洁或变质的饲料、或饥或饱及长期投喂单一饲料，饲料营养成分不足，缺乏动物性饵料和合理的蛋白质、维生素、微量元素等，这样导致鱼类摄食不正常，就会缺乏营养，造成体质衰弱，就容易感染患病。当然投饵过多，易引起水质腐败，促进细菌繁衍，导致鱼类罹患疾病。另外投喂的饵料变质、腐败，也会直接导致鱼中毒生病，因此在投喂时要讲究"四定"技巧。在投喂配合饲料时，要求投喂的配合饵料要与所养鱼的生长需求一致，这样才能确保鱼体的营养良好。

4. 没病乱放药，有病乱投医

水产养殖从业者的综合素质，如健康养殖观念等亟待提高。另外渔民缺乏科学用药、安全用药的基本知识，病急乱用药，盲目增加剂量，给疾病防治增加了难度，尤其是原料药的大量使用所造成的危害相当大。大量使用化学药物及抗生素，造成正常生态平衡被破坏，最终可能导致耐药性微生物与病毒性疾病暴发，给渔民或养殖者带来严重损失。

5. 放养密度不当和混养比例不合理

合理的放养密度和混养比例能够增加鱼产量，但是过高的养殖密度始终是疾病频发的重要原因。如果放养密度过大，会造成缺氧，并降低饵料利用率，引起鱼类的生长速度不一致，大小悬殊，同时由于鱼缺乏正常的活动空间，加之代谢物增多，会使其正常摄食生长受到影响，抵抗力下降，发病率增高。另外在集约式养殖条件下，高密度放养已造成水质二次污染、病原传播、水体富营养化，赤潮频繁发生，加上饲养管理不当等，都为病害的扩大和蔓延创造了有利条件，这是导致近年来疾病绵绵不断、愈演愈烈的原因。

另外，混养比例不合理，也会导致疾病的发生。例如有些侵扰性较强的鱼类，当它们和不同规格的鱼同池饲养时，易发生大欺小和相互咬伤现象，长期受欺及被咬伤的鱼，往往有较高的发病率。

6. 饲养池进排水系统设计不合理

饲养池的进排水系统不独立，一池鱼发病往往也传播到另一池鱼。这种情况特别是在大面积精养时或流水池养殖时更要注意预防，在 2004 年，北京一养殖场在养殖虹鳟时没有设立专门独立的进排水系统，在 5 月一次发病时，四口鱼塘同时发病，导致大批虹鳟鱼死亡，损失惨重。

7. 消毒不够

有的时候，我们也对鱼体、池水、水草、食场、食物、工具等进行了消毒处理，但由于种种原因，或是用药浓度太低，或是消毒时间太短，导致消毒不够，这种无意间的疏忽有时也会使鱼的发病率大大增加。

8. 检疫不严

水产种苗及水产品的流通缺乏必要的检疫和隔离制度，为疾病的广泛传播创造了条件。养殖苗种与亲体的国内地区间交流，每年的人工苗种的增殖放流，种苗的进口和引进，所有这些种苗的人工迁移如没有经过有效的检疫，会造成种质退化，疾病流行。

有许多养殖户认为，鱼病检疫是国家动物检疫部门的事，与己无关，这种观念是错误的，只要是从外地（包括国内、省内）引种，只要有一定的距离，在引进后就要严格检疫，不能让伤鱼、带病原体的鱼混入池内，从而引发疾病。

9. 品种退化

水生动物种质日趋退化，以及苗种质量的良莠不齐，都将导致水产养殖动物抗病力下降，导致疾病的发生。

10. 科研滞后于生产

科研滞后于水产养殖的发展需求，会给水产养殖疾病综合防治带来一定的影响。

11. 防疫体制欠缺

我国现行水生动物防疫体系不健全，滞后于水生动物防疫工作的需要。病害防治的研究基础不足及防治技术缺乏，研究工作与养殖业发展需求之间有较大差距，这些因素导致鱼病发生时，不能在第一时间内进行有效的防治和控制。

第二节　鱼病的预防措施

　　鱼病防治是提高鱼苗、鱼种成活率和成鱼稳产高产的一项重要措施，防病治病工作要贯彻于养鱼的各个环节，包括亲鱼培育、产卵、孵化、鱼苗培育、鱼种培育和商品鱼养殖等各个方面，因此我们要重视鱼类疾病的防治工作，保证获得好的经济效果。

　　在池塘里养鱼，由于是高密度养殖，很容易发生鱼病，而且一旦发生了鱼病，就会很快地在全池塘里传染，从而造成严重的损失，因此鱼病防治应本着"防重于治、防治结合"的原则，贯彻"全面预防、积极治疗"的方针。鱼在水中，一旦生病，治疗就有一定难度。而且鱼得病后再进行治疗，也只能挽救病情较轻者，病情较严重者往往施药也没有效果。因此，鱼病的预防，更有其特别重要的意义。目前常用的预防措施和方法有以下几点：

一、　改善池塘生态环境

　　池塘生态环境的好坏决定着鱼类能否健康、快速地生长，因此我们在养殖中，一定要积极改善池塘的生态环境。作为一个高产鱼池，水源必须充足，水的理化性质要适合养殖对象的生长，做到水中无污染，不带病原体，另外在设计池塘进排水系统时，应使每个池塘有独立的进排水管，杜绝一池生病，殃及全场的行为（图 6-1）。

二、　彻底清塘消毒

　　淤泥不仅是病原体的滋生和储存的场所，而且淤泥在分解时要消耗大量氧气，在夏季容易引起泛池，因此无论是养殖池塘还是越冬池，鱼进池前都要消毒清池。每年一次清除池底过多的淤泥，或排干池水后进行翻

图 6-1　独立的进排水系统

晒、冰冻，可杀灭部分细菌和寄生虫、水生昆虫等。至于池塘的消毒药物和消毒方式，前文已经讲述，在此不再赘述。

三、　鱼种消毒

鱼种在入塘前进行消毒处理，一般常用方法有 3‰～5‰ 的食盐水、10 毫克/千克的漂白粉、8 毫克/千克的硫酸铜、20 毫克/千克的高锰酸钾等。这些药物的适用对象为皮肤和鳃上的细菌和寄生虫。高锰酸钾和敌百虫对单殖吸虫和锚头蚤有特效；漂白粉和硫酸铜混合使用，可消灭大多数寄生虫和细菌。

四、　饵料消毒和食场（台）消毒

投喂的天然饵料要新鲜、适口。饵料用清水洗净、选择鲜活的投喂，如投喂动物性饵料，要求新鲜无毒害，打浆或粉碎后，要用水冲洗，使汁液流尽再投喂，以免汁液变质后败坏水质（图 6-2）；投喂人工饵料要求新鲜，无霉败变质，在数量上使鱼吃饱即可，尽量减少残饵；使用的颗粒饲料，在水中保型时间必须符合要求。食场采取漂白粉挂篓或挂袋方法来

图 6-2　动物性饵料

进行消毒，可预防细菌性皮肤病和烂鳃病。

五、 药物预防

　　结合巡塘，定期监测工作，对养殖鱼类的任何异常现象都不能忽视，尤其对发现的病死鱼更不能迟缓，应及时捞出，查找病因，及时采取相应救治措施，必要时请水产专家帮助诊断和给出防治建议。由于细菌性肠炎、寄生虫性鳃病和皮肤病等，常集中于一定时间暴发，在发病以前采取药物预防，往往能收到事半功倍的效果（图 6-3）。

图 6-3　对鱼体和水质进行监测，为预防疾病提供依据

　　对病死尸体，要妥善处理，防止疫病的扩散和二次污染。

六、 环境卫生和工具消毒

　　清除杂草，去除水面浮沫，保持水质良好，及时掩埋死鱼，是防止鱼病发生的有效措施之一。鱼用工具最好是专塘专用，如做不到专塘专用，应在换塘使用前，用 10 毫克/千克的硫酸铜溶液浸泡 5 分钟。

七、 控制水质

　　池塘和越冬池的水，一定要杜绝和防止引用工厂废水，无论是建造鱼池还是越冬池首先要考虑有符合要求的水源。利用地下深井水和温泉水，事先要采水样进行水质分析。如深井水无氧或含铁量过高，应采取曝气增氧和除铁措施（氧化、沉淀、过滤等）。

平时要加强对水质的监管，经常检测水中溶氧、pH值、氨氮、亚硝酸盐、硫化氢等水质指标，使之保持在水质标准允许的范围内。积极调控水质，保持"肥、活、嫩、爽"的良好水质，并防止水体富营养化。

八、 小心捕捞与运输操作

鱼在越冬期易发生水霉病，这主要是由于鱼体受伤而水霉侵袭所致，故捕捞和运输一定要小心细致，避免损伤鱼体。

第三节 渔药的使用

一、 渔药使用原则

① 在池塘养殖过程中要加强对病、虫、敌害生物的综合防治，坚持"全面预防，积极治疗"的方针，强调"防重于治，防治结合"的原则。

② 选用渔药应严格遵守国家和有关部门的有关规定，严禁使用未经取得生产许可证、批准文号、生产执行标准的渔药；严禁使用国家已经禁止使用的药物。

③ 严禁使用高毒、高残留或具有三致毒性（致癌、致畸、致突变）的渔药，以不危害人类健康和破坏水域生态环境为基础，选用"三效"（高效、速效、长效）、"三小"（毒性小、副作用小、用量小）的渔药。大力推广健康养殖技术，改善养殖水体生态环境，提倡科学合理的混养和密养，建议使用生态综合防治技术和使用生物制剂、中药对病虫害进行防治。

④ 严禁使用对水环境有严重破坏而又难以修复的渔药，严禁直接向养殖水体泼洒抗生素。

二、 辨别渔药的真假

辨别渔药的真假可按下面三个方面判断：

（1）"五无"型的渔药　即无商标标识、无产地（即无厂名厂址）、无生产日期、无保存日期、无合格许可证。这种连基本的外包装都不合格，请想想看，这样的渔药会合格吗？会有效吗？这类渔药是最典型的假渔药。

（2）冒充型　这种冒充表现在两个方面，一方面是商标冒充，主要是一些见利忘义的渔药厂家发现市场俏销或正在宣传的渔用药物时即打出同样包装、同样品牌的产品或冠以"改良型产品"；另一方面是一些生产厂家利用一些药物的可溶性特点将一些粉剂药物改装成水剂药物，然后冠以新药来投放市场。这种冒充型的假药具有一定的欺骗性，普通的养殖户一般难以识别，需要专业人员进行及时指导帮助才行。

（3）夸效型　具体表现就是一些渔药生产企业不顾事实，肆意夸大诊疗范围和效果，有时我们可见到部分渔药包装袋上的广告是天花乱坠，包治百病，实际上疗效不明显或根本无效，见到这种能治所有鱼病的渔药可以摒弃不用。

在长期为养殖户提供鱼病诊治服务时，我们发现养殖户常常受到这些假药的伤害，他们期待有关职能管理部门对此引起重视，采取切实可行的措施，强化渔药市场的整顿和治理，对生产经营假药者给予严厉打击，杜绝假冒伪劣渔药入市经营，以解除渔民的后顾之忧。

三、 选购渔药

选购渔药首先要在正规的药店购买，注意药品的有效期。

其次是特别要注意药品的规格和剂型。同一种药物往往有不同的剂型和规格，其药效成分往往不相同。如漂白粉的有效氯含量为 $28\%\sim32\%$，而漂粉精为 $60\%\sim70\%$，两者相差 1 倍以上。再如 2.5% 粉剂敌百虫和 90% 晶体敌百虫是两种不同的剂型，两者的有效成分相差 35 倍。不同规格药物的价格也有很大差别。因此，了解同一类渔药的不同商品规格，便于选购物美价廉的药品，并根据商品规格的不同药效成分换算出正确的施药量。

再次就是合理用药，对症下药。目前常用于防治鱼类细菌、病毒性疾病和改善水域环境的全池泼洒渔药有氧化钙（生石灰）、漂白粉、二氯异氰尿酸钠、三氯异氰尿酸、二氧化氯、二溴海因、四烷基季铵盐络合碘等；常用杀灭和控制寄生虫性原虫病的渔药有氯化钠（食盐）、硫酸铜、硫酸亚铁、高锰酸钾、敌百虫等，这些渔药常用于浸浴机体、挂篓和全池泼洒；常用内服药有土霉素、红霉素、诺氟沙星、磺胺嘧啶和磺胺甲噁唑等；中药有大蒜、大蒜素粉、大黄、黄芩、黄檗、五倍子、穿心莲和苦参等，可以用中药浸液全池泼洒和拌饵内服。

四、 不同的用药方法

鱼患病后，首先应对其进行正确而科学的诊断，根据病情病因确定有效的药物；其次是选用正确的给药方法，充分发挥药物的效能，尽可能地减少副作用。不同的给药方法，病鱼对药物的吸收速度也不一样，药物在病鱼体内的浓度也不一样，决定了对鱼病治疗的不同效果。

常用的鱼给药方法有以下几种：

1. 挂袋（篓）法

挂袋（篓）法即局部药浴法，把药物尤其是草药放在自制布袋或竹篓或袋泡茶纸滤袋里挂在投饵区中，形成一个药液区，当鱼进入食区或食台时，使鱼体得到消毒和杀灭鱼体外病原体的机会。通常要连续挂三天，常用药物为漂白粉和敌百虫。另外池塘四角水体循环不畅，病菌病毒容易滋生繁衍；靠近底质的深层水体，有大量病菌病毒生存；茭草、芦苇密生的地方，很难进行泼洒药物消毒，病原物滋生更易引起鱼病发生；固定在食场附近，鱼的排泄物、残剩饲料集中，病原物密度大。对这些地方，必须在泼洒消毒药剂的同时，进行局部挂袋处理，这比重复多次泼洒药物效果好得多。

此法只适用于预防及疾病的早期治疗。优点是用药量少，操作简便，没有危险及副作用小。缺点是杀灭病原体不彻底，只能杀死食场附近水体的病原体和常来吃食的鱼体表面的病原体。

2. 浴洗（浸洗）法

这种方法就是将有病的鱼集中到较小的容器中，放在按特定配制的药液中进行短时间强迫浸浴，来达到杀灭鱼体表和鳃上的病原体的一种方法，它适用于个别鱼或小批量患病的鱼使用。药浴法主要是驱除体表寄生虫及治疗细菌性的外部疾病，也可利用鳃或皮肤组织的吸收作用治疗细菌性内部疾病。具体用法如下：根据病鱼数量决定使用的容器大小，一般可用面盆或小缸，放 2/3 的新水，根据鱼体大小和当时的水温，按各种药品剂量和所需药物浓度，配好药品溶液后就可以把病鱼浸入药品溶液中治疗。

浴洗时间也有讲究，一般短时间药浴时使用浓度高、时间短，常用药为亚甲基蓝、红药水、敌百虫、高锰酸钾等；长时间药浴则用食盐水、高锰酸钾、福尔马林、呋喃剂、抗生素等。具体时间要按鱼体大小、水温、药液浓度和鱼的健康状况而定。一般鱼体大、水温高、药液浓度低和鱼的健康状态尚可，则浴洗时间可长些；反之，浴洗时间应短些。

值得注意的是，浴洗药物的剂量必须精确，如果浓度不够，则不能有效地杀灭病菌；浓度太高，易对鱼造成毒害，甚至死亡。

浴洗法的优点是用药量少，准确性高，不影响水体中浮游生物生长。缺点是不能杀灭水体中的病原体，况且拉网捕鱼既麻烦又伤鱼，所以通常配合转池或运输前后预防消毒用。

3. 泼洒法

泼洒法就是根据鱼的不同病情和池中总的水量算出各种药品剂量，配制好特定浓度的药液，然后向鱼池内慢慢泼洒，使池水中的药液达到一定浓度，从而杀灭鱼体及水体中的病原体。如果池塘的面积太大，则可把病鱼用渔网迁往鱼池的一边，然后将药液泼洒在鱼群中，从而达到治疗的目的。

泼洒法的优点是杀灭病原体较彻底，预防、治疗均适宜。缺点是用药量大，易影响水体中浮游生物的生长。

4. 内服法

内服法就是把治疗鱼病的药物或疫苗掺入病鱼喜吃的饲料，或者把粉状的饲料挤压成颗粒状、片状后来投喂鱼，从而达到杀灭鱼体内病原体的目的。这种方法常用于预防或在鱼病初期使用，同时，用这种方法有一个前提，即鱼类自身一定要有食欲，一旦病鱼已失去食欲，此法就不起作用了。一般用3～5千克面粉加氟哌酸1～2克或复方新诺明2～4克加工制成饲料，可鲜用或晒干备用。喂时要视鱼的大小、病情轻重、天气、水温和鱼的食欲等情况灵活掌握，预防治疗效果良好。

内服法适用于预防及治疗初期病鱼，当病情严重，病鱼已停食或减食时便很难收到效果。

5. 注射法

注射法是对各类细菌性疾病注射水剂或乳剂抗生素的治疗方法，常采取肌内注射或腹腔注射的方法将药物注射到病鱼腹腔或肌肉中杀灭体内病原体。

注射前鱼体要经过消毒麻醉，适于水温低于15℃的天气，以鱼抓在手中跳动无力为宜。如果通过肌内注射时，注射部位宜选择在背鳍基部前方肌肉丰厚处。如果是采用腹腔注射，注射部位宜选择在胸鳍基部无鳞突起处。一般采用腹腔注射，深度以不伤内脏为宜。10～15厘米的鱼用0.3厘米针头，20厘米以上选用0.5厘米的针头，进针45°角。剂量10～15厘米的鱼每尾0.2毫升，20厘米至250克以下的每尾0.3毫升，250克以上的鱼种每尾0.5毫升。注意：要使用连续注射器，刺着骨头要马上换位，体质瘦弱的鱼不要注射。

注射法的优点是鱼体吸收药物更为有效、直接、药量准确，且吸收快、见效快、疗效好。缺点是太麻烦，也容易弄伤鱼体，且对小型鱼和幼鱼无法使用。所以此法一般只适用于亲鱼和名贵鱼类的治疗，人工疫苗通常也是注射法。

6. 手术法

手术法指将鱼体麻醉后，用手术的方法治疗鱼的外伤或予以整形。对患寄生虫病的病鱼，可用手工摘除寄生虫，再将患病处涂上药物进行治疗。如鱼体病得较严重，常采取多种治疗方法，如同时口服和药浴，或注射抗生素，然后进行手术。用手术法治疗鱼病，在观赏鱼中，常用来治疗龙鱼和锦鲤的鳞片疾病、鳃部疾病和鳍条疾病。

7. 涂抹法

用高浓度的药剂直接涂抹在鱼体患病处，以杀灭病原体。该法主要用于治疗外伤及鱼体表面的疾病，一般只能对较大体形的鱼采用。涂抹法适用于检查亲鱼及在亲鱼经人工繁殖后下池前使用，在人工繁殖时，如果不小心在采卵时弄伤了亲鱼的生殖孔，就用涂抹法处理。常用药为红药水、碘酊、高锰酸钾等，涂抹前必须先将患处清理干净。注意涂抹时鱼头要高于鱼尾，不要将药液流入鱼鳃。涂抹法的优点是药量少、方便、安全、副作用小。

8. 浸沤法

该法只适用于中药预防鱼病，将中药扎捆浸沤在鱼池的上风头或分成数堆，杀死池中及鱼体外的病原体。

9. 生物载体法

生物载体法即生物胶囊法。当鱼体生病时，一般都会食欲大减，生病的鱼很少主动摄食，要想让它们主动摄食药饵或直接喂药就更难。这个时候必须把药包在鱼只特别喜欢吃的食物中，特别是鲜活饵料中，就像给小孩喂食糖衣药片或胶囊药物一样，可避免药物异味引起厌食。生物载体法就是利用饵料生物作为运载工具把一些特定的物质或药物摄取后，再由鱼捕食到体内，经消化吸收而达到促进发育、生长、成熟及治疗疾病的目的。这类载体饵料生物有丰年虫、轮虫、水蚤、面包虫及蝇蛆等。丰年虫是鱼类的万能诱饵，不管是大鱼、小鱼还是病鱼都喜欢吃。丰年虫为非选择性滤食海水甲壳动物，凡是 50 微米以下大小的颗粒均可滤食。将用于治病的难溶性药物研成粉末放入有丰年虫的适量海水中拌匀，过 1～2 小时，看到丰年虫肠道充满有药物颜色的物质即可拿去投喂病鱼，使丰年虫肠道中的药物及时在病鱼体内产生效果。

五、 准确计算用药量

用于鱼病防治的内服药的剂量通常按鱼体重计算，外用药则按水的体积计算。

1. 内服药

首先应比较准确地推算出鱼群的总重量，然后折算出给药量，再根据鱼的种类、环境条件、鱼的吃食情况确定鱼的吃饵量，最后将药物混入饲料中制成药饵进行投喂。

2. 外用药

先算出水的体积（水体的面积乘以水深即得出水的体积），再按施药的浓度算出药量，如施药的浓度为 1 毫克/升，则 1 米^3 水体应该用药 1 克。

如某口鱼池发生了鲺病，需用 0.5 毫克/升浓度的晶体敌百虫来治疗。该鱼池长 100 米，宽 40 米，平均水深 1.2 米，那么使用药物的量就应这样推算：鱼池水体的体积是 $100 \times 40 \times 1.2 = 4800$（米^3），按规定的浓度算出药量为 $4800 \times 0.5 = 2400$（克）。那么这口鱼塘就需用晶体敌百虫 2400 克。

六、 三种常用渔药的使用要点

在水产养殖过程中，有相当大的一部分养殖户由于缺乏专业培训，在养殖过程中，特别是使用渔药时，常常是凭经验，往往错了也不清楚错在什么地方，结果不但影响了鱼病的及时治疗，而且可能会造成鱼类中毒死亡，在经济上造成巨大损失。在技术服务的过程中，我们发现发生这些错误的原因其实并不复杂，而且在养殖户中也有一定的普遍性。敌百虫、氯制剂和硫酸铜是水产养殖生产中最常用的三种药物，也最容易被滥用。不管什么病害一定要先明确病因，对症下药。如果自己缺乏诊断知识，可积极向有关科技部门或技术人员求助，以有效避免错误使用药物的情况，减少自己的损失。

1. 敌百虫不可滥用

敌百虫是一种具有神经致毒物质的有机磷杀虫剂，能溶于水和有机溶剂，性质较稳定，使用后能导致昆虫、甲壳类、蠕虫等中毒死亡。农业上常用其杀虫，其也是水产上的主要杀虫剂之一，不少养殖户在进行养殖时，常常会直接用敌百虫来防治鱼病，而且使用非常频繁。研究表明，敌百虫主要是通过泼洒来杀灭鱼体表的指环虫、三代虫、锚头蚤、中华蚤、鱼鲺等一些体表寄生虫，如果内服还可以用来杀死绦虫、棘头虫等一些体内寄生虫，同时对危害鱼苗、鱼卵的枝角类、桡角类、蚌钩介幼虫和水蜈蚣等均有良好的杀灭作用。而对一些由细菌、病毒、黏孢子虫等很多因素引起的鱼类疾病不起作用，其中一个最明显的例子就是鲫鱼黏孢子虫病暴发时，利用敌百虫几乎没有任何预防和杀灭效果。早期江苏在暴发黏孢子虫病时，就有养殖户使用敌百虫来治疗，结果不但延误了鱼病治疗，影响了正常鱼的摄食，而且造成了很大浪费。

建议养殖户在使用前先要通过体表和镜检综合确认，对一些确认为三代虫、指环虫等鱼类寄生虫的可以按剂量使用敌百虫，而对于一些不能正确分清种类的寄生虫，或患其他疾病的，一定不可滥用药。

在使用敌百虫时，不可同时用生石灰等碱性物质进行水质调节或底质改良，这是因为敌百虫在酸性及中性溶液中较稳定，但在碱性条件下（如生石灰的作用下）分解的产物就是敌敌畏，其毒性增大了10倍，而且这种毒性症状以急性中毒为主，慢性中毒较小，会造成鱼类大量急性死亡，损失巨大。另外在使用敌百虫时一定要区分它的含量，例如90%的敌百虫晶体和80%的敌百虫的效果还是有相当大的差别的。

2. 氯制剂的使用

现在渔药市场上氯制剂渔药几乎占了半壁江山，因此对氯制剂药物的科学使用就显得非常重要。在渔业上常用的氯制剂有漂白粉（一种氯酸钙、氯化钙和氢氧化钙的混合物）、漂粉精（次氯酸钙）、优氯净（二氯异氰尿酸钠）、强氯精（三氯异氰尿酸）等好几种。这些药物在鱼类养殖中作为杀菌药物使用最为常见，但其毒性却常被忽略，尤其是对体形较小的草鱼种的毒害作用最大。这里有一个养殖生产中的例子，有一家养殖户在用优氯净给草鱼种消毒时，发现一边泼药，一边就有鱼上浮、上蹿、打转等一些反应，当时还以为是药物刺激的结果。等全部泼完后，当天就发现有不少重约150克的草鱼种死亡。第二天一早又发现了部分草鱼种死亡。经分析，这种事故就是一种典型的氯中毒现象。

造成这种死亡的原因主要是不规范使用氯制剂。①研究表明，250克以下的草鱼种阶段对氯制剂的毒性是最敏感的，特别是对有效氯含量高的二氯、三氯制剂更是敏感，养殖户在进行消毒操作时，没有考虑这方面的因素，导致死鱼。对于氯制剂来说，我们一般建议的使用浓度为 $0.3\sim0.5$ 克/米³，这种剂量对于一些生命力强的鲤鱼、鲫鱼、鲢鱼、鳙鱼几乎没有什么大的影响，但是对于规格较小的草鱼种来说，就会造成中毒死亡。②养殖户在用药时忽视了当天的天气因素，用药当天，天气闷热，气压也低，表层水温达 $29.0℃$，而且几乎没有风力作用，这种气候条件极易造成整个水体含氧量不高，在低氧环境下鱼种的抗毒性能力就会受到影响。③草鱼种本身的体质偏弱，在对死亡的草鱼种进行镜检后，发现整个鱼塘草鱼种都有不同程度的烂鳃现象，而死亡的那部分草鱼种则更严重些，这就说明鱼体的体质弱，尤其是鱼的鳃部溃烂造成草鱼的呼吸困难，降底了鱼体抵抗力，从而导致中毒死亡。这个案例告诉养殖户，不要轻易在个体小的草鱼种的养殖塘中使用含氯成分高的药物，在有烂鳃病时应降低用量，最好用其他药物如中药作为替代。

3. 硫酸铜的使用

硫酸铜常用来杀灭鱼体的鞭毛虫、纤毛虫、车轮虫等，也可用来抑制池塘过多的蓝藻及丝状绿藻，杀灭真菌和某些细菌。但硫酸铜也是有一定的毒性的，对于淡水鱼来说，正常情况下其使用浓度不能超过 0.7 克/米³，而我们在生产中建议养殖户最好采用 0.5 克/米³ 的硫酸铜与 0.2 克/米³ 的硫酸亚铁搭配使用，这样既提高了药效又减少了中毒的危险。但是在生产中，我们也发现常常会发生硫酸铜中毒事件，造成中毒的主要原因：①养殖户的主观因素，就是他们怕麻烦，只单一使用硫酸铜，而没有搭配使用硫酸亚铁，或者是一部分养殖户根本就不懂得要配合使用硫酸亚铁，结果导致硫酸铜的使用浓度较高，毒性加大，在高温季节使用时，就易发生鱼中毒事故；②不尊重科学，不根据养殖水体的实际情况，一味认为重药好治病，自己盲目加大用量，造成鱼中毒；③一些养殖户根据自身的经验，忽略了气温、水质、鱼病种类等一些客观事实，盲目用药，造成鱼中毒。

在生产实践中，使用硫酸铜时应做到以下几点：①无鳞鱼如黄鳝、泥鳅、鲶鱼、斑点叉尾鲴等，最好不用，因为这些鱼对硫酸铜的敏感性比较强；②在天气闷热时最好不用，因为这时不仅其毒性大于平常，且水中溶氧也低，鱼的抗毒性能力差；③在水体偏瘦的时候，硫酸铜的用量相应要减少，这是因为在有机物少的水体中，它的毒性会比在有机物多的水体中大；④在用来杀灭水体中大量蓝绿藻时，不能大量全塘泼洒，应小批量、多次使用，否则在短时间内藻类大量死亡，腐烂后会严重败坏水质，甚至引起缺氧或中毒；⑤在养殖龙虾和螃蟹时建议不要轻易使用硫酸铜，一方面硫酸铜对虾蟹尤其是其幼体有相当大的伤害作用，另一方面硫酸铜会对养殖池塘里的水草造成伤害，从而影响虾蟹的生长；⑥万一发生硫酸铜中毒，最直接有效的办法就是加入新鲜水，既能起稀释作用，又能起充氧作用，可有效对中毒鱼进行抢救。

是药三分毒，养鱼先养水。给鱼体一个健康的环境，切记不能乱用渔药导致产生负面影响。

以上对水产养殖中最常用的敌百虫、硫酸铜、氯制剂等三种渔药的使用要点进行了总结，养殖户以后在生产实践中要多加注意。

七、 鱼病的诊断依据

对于绝大多数养殖户而言，是可以通过检测患病鱼体的各项生理指标而对鱼类疾病进行初步诊断的，最后可以通过病鱼的症状和显微镜检查的结果进行确诊。

鱼类疾病的诊断依据主要有以下几点：

1. 根据疾病的特点作出快速判断

有些鱼类出现不正常的现象，极有可能是因为缺氧、中毒等。一般情况下，可以通过以下几个症状对导致鱼体不正常或者发生死亡的原因作出快速判断：①死亡迅速，除有些因素导致的慢性中毒外，鱼体一旦在较短的时间内出现大批死亡，就可能不是疾病引起的；②症状相同，由于小环境对饲养在一起的鱼体具有相同的影响，所以，如果全部饲养鱼所表现出来的症状、病程和发病时间都比较一致，就可以判断不是疾病引起的；③恢复快，只要环境因素改善，鱼体症状就可以在短时间内减轻，甚至恢复正常，一般都不需要长时间的治疗，这就说明鱼体症状可能是浮头或中毒造成的。

2. 根据疾病的地区特点判断

由于鱼类的疾病和普通鱼病一样，也具有明显的地区特点，因此可根据不同的地区特点作出大概判断。

3. 根据疾病发生的季节特点判断

许多鱼类疾病往往发生在特定的季节，这是因为各种不同的病原体都具有最适合其生长、繁殖的条件，而这些均与季节有关，所以可根据鱼病发生的不同季节作出初步判断。如青鱼、草鱼的出血病主要发生在 7～9 月的炎热季节，水霉病则多发生在春初秋末等凉爽的季节，湖靛、青泥苔等有害水生植物不会在冬季出现。

4. 根据鱼体的症状作出判断

一般不同的鱼病在鱼体上的表现是不同的，可据此对这些鱼病快速作出判断，但是还有许多鱼病的病原体虽然不同，在鱼体外观上的表现却差不多，这个时候就要求养殖户根据多种因素作出综合判断。

5. 根据患病鱼的种类和生长阶段作出判断

不同种类及不同生长阶段的鱼，对一些鱼病的抵抗力、部分病原体的感受性是不同的，对于鱼病的承受力也是不同的，因此可以通过患病鱼体的种类和规格作出简要的判断。如剑水蚤仅危害刚孵化一周的鱼苗；打粉病、白头白嘴病多发生于鱼苗阶段；草鱼的出血病、青鱼的肠炎主要发生在鱼种阶段；赤皮病、打印病多发生于成鱼阶段。

6. 根据鱼类的栖息环境作出判断

例如肠炎、赤皮病、烂鳃病、打粉病等都发生在呈酸性的水域环境中；中华蚤、锚头蚤、鱼鲺等寄生虫病则多发生在弱碱性的水域环境中；鱼泛塘多发生在缺氧的水域环境中。

7. 根据鱼病寄主作出判断

如肠炎、出血病多发生在青鱼、草鱼，鲢鱼、鳙鱼极少发此病；鲢中华蚤病只有鲢鱼、鳙鱼感染，而青鱼、草鱼则不发此病。

八、 用药十忌

1. 一忌凭经验用药

"技术是个宝，经验不可少"，这是水产养殖专业户的口头禅。这也难怪，在养殖生产中，由于养鱼场一般都设在农村，在这些远离城市的地方，缺乏病害的诊断技术和必要设备，所以一些养殖户在疾病发生后，未经必要的诊断或无法进行必要的诊断，这时经验就显得非常重要了。他们或根据以前治疗鱼病的经验，或根据书本上看过的一些用药方法（实际上已经忘记了或张冠李戴了），盲目施用渔药。例如在基层服务时，笔者发现许多老养殖户特别信奉"治病先杀虫"的原则，不管是什么原因引起的疾病，先使用一次敌百虫、灭虫精等杀虫药，然后再换其他的药物，这样做是非常危险的，因为一来贻误了病害防治的最佳时机，二来耗费了大量的人力和财力，三来乱用药会加快鱼类的死亡。因此，在疾病发生后，千万不要过分相信一些老经验，必须借助一些技术手段和设备，在对疾病进行了必要的诊断和病因分析的基础上，结合病情施用对症药物，才能起到有效防治的效果。

2. 二忌随意加大剂量

一些养殖户在用药时会随意加大用药量，有的甚至比所开出的药方的剂量高出三倍左右，他们加大渔药剂量的随意性很强，往往今天用1毫克/升的量，明天就敢用3毫克/升的量，在他们看来，用药量大了，就会起到更好的治疗效果。这种观念是非常错误的，任何药物只有在合适的剂量范围内，才能有效地防治疾病。如果剂量过大甚至达到鱼类致死浓度则会发生鱼类中毒事件。所以用药时必须严格掌握剂量，不能随意加大剂量，当然也不要随意减少剂量。根据笔者个人的经验，为了对患病鱼起到更好的治疗作用，在开出鱼病用药处方时，应结合鱼体情况、水环境情况和渔药的特征，在剂量上适当提高20%左右，基本上处于生产第一线的水产科技人员都是这么做的，所以一旦养殖户随意加大剂量，极有可能会导致鱼中毒死亡。

3. 三忌用药不看对象

一些养殖户在发现鱼生病时，虽然找准了病因，但是在用药时不管是什么鱼，一律用自己习惯的药物，例如发生寄生虫病时，不管是什么鱼，统统用敌百虫，认为这是最好的药。殊不知，这种用药方法是错误的，因为鱼的种类众多，不同的鱼对药物的敏感性不完全相同，必须区分对象，采用不同的浓度才能有效且不对鱼产生毒性，例如虹鳟鱼就对敌百虫、高锰酸钾较为敏感，在用药时，敌百虫浓度不得高于 0.5 克/米^3，高锰酸钾浓度不得高于 0.035 克/米^3，如果用银鲫鱼的治疗浓度，肯定会造成大批的虹鳟鱼死亡，所以在用药前一定要看看治疗的对象。另外，即使是同一养殖对象，在它们的不同生长阶段，对某些药物的耐受性也是有差别的，如成鳖可用较高浓度高锰酸钾进行浸泡消毒，而稚鳖则对高锰酸钾的耐受性较低，低浓度的高锰酸钾就可导致机体受损甚至死亡。

4. 四忌不明药性乱配伍

一些养殖户在用药时，不问青红皂白，只要有药，拿上就用，结果导致有时用药效果不好，有时还会毒死鱼，这就是他们对药物的理化性质不了解，胡乱配伍导致的结果。其实有许多药物存在配伍禁忌，不能混用，例如二氯异氰尿酸钠和三氯异氰尿酸等药物要现配现用，宜在晴天傍晚施药，避免使用金属器具，同时要记住它们不能与酸、铵盐、硫黄、生石灰等混用，否则就起不到治疗效果。还有一个例子就是我们常说的敌百虫，它不能与碱性药物（如生石灰）混用，否则会生成毒性更强的敌敌畏，对鱼类而言是剧毒药物。

5. 五忌药物混合不均匀

这种情况主要出现在粉剂药物的使用上，例如一些养殖户在向饲料中添加口服药物进行疾病防治时，为了图省事，简单地搅拌几下了事，结果造成药物分布不均匀，有的饲料中没有药物，起不到治疗效果，有的饲料中药物成堆成堆地在一起，导致药物局部过量。因此，在使用药物时一定要小心、谨慎，对药物进行分级且充分搅拌，力求药物分布均匀。另外，在使用水剂或药浴时，用手在容器里多搅动几次，要尽可能地使药物混合均匀。

6. 六忌用药后不进行观察

有一些养殖户在用药后，就觉得万事大吉了，根本不注意观察鱼类在用药后的反应，也不进行记录、分析。这种做法是非常错误的，建议养殖户在药物施用后加强观察，尤其是在下药 24 小时内，要随时注意鱼的活动情况，包括鱼的死亡情况、游动情况及鱼体质的恢复情况。在观察、分析的基础上，要总结治疗经验，提高病害的防治技术，减少因病死亡而造成的损失。

7. 七忌重复用药

养殖户发生重复用药的原因主要有两个：一个是主观原因，即养殖户自己故意重复用药，期望快点将鱼病治好；另一个是客观原因，由于目前渔药市场比较混乱，缺乏正规的管理，同药异名或同名异药的现象十分普遍，一些养殖户因此而重复使用同药不同名的药物，导致药物中毒和耐药性产生的情况时有发生。因此，建议养殖户在选用渔药时，一是请教相关科技人员，二是认真阅读药物的说明书，了解药物的性能、治疗对象、治疗效果，另外要对药物的俗名和学名有所了解，看看是不是自己曾经熟悉的药名。

8. 八忌用药方法不对

有一些养殖户拿到药后，兴冲冲地走到塘口，也不管用药方法对不对，见水就撒药，结果造成了一系列的不良后果。为什么这样说呢？这是因为有一些药物必须用适当的方法才能发挥它们的有效作用，如果用药方法不当，或影响治疗效果，或造成中毒。例如固体二氧化氯，在包装运输时，都是用 A 袋、B 袋分开包装的，在使用时要将 A 袋、B 袋分别溶解，混合后才能使用。如果直接将 A 袋、B 袋打开并立即拌和使用，在高温下会发生剧烈化学反应，甚至导致爆炸，危及养殖户的生命安全，这就是用药方法不对的结果。还有一种情况也往往容易被养殖户忽视，即在泼洒药物治疗疾病时，不分时间，想洒就洒，这是不对的。正确方法是先喂食后泼药，如果是先洒药再喂食或者边洒药边喂食，鱼有时会把药物尤其是没有充分溶解的颗粒型药物当作食物吃掉，从而导致鱼类中毒事故的发生。

9. 九忌用药时间过长

部分养殖户在用药时，为了加强渔药效果，常常人为地延长用药时间，这种情况尤其是在浸洗鱼体时更明显。殊不知，许多药物都有蓄积作用，如果一味地长期浸洗或长期投喂渔药，不仅影响治疗效果，有的还可能影响机体的康复，导致慢性中毒。所以用药时间要适度。

10. 十总用药疗程不够

一般泼洒用药连续 3 天为一个疗程，内服用药 3～7 天为一个疗程。在防治疾病时，必须用药 1～2 个疗程（至少用药 1 个疗程），保证治疗彻底，否则疾病易复发。有一些养殖户为了省钱，往往看到鱼的病情有一点好转时，就不再用药了，这种用药方法是不值得提倡的。

九、 几种鱼类对药物的敏感性

生产实践的经验总结和科研结果表明，并不是所有的药物都对所有的鱼病有效，也并不是所有的渔药都可以适用于所有的鱼。许多鱼类可能会对其中某一种渔药有特别的敏感性，一旦用药不慎，就会发生鱼类伤亡事故，给池塘养殖造成重大损失。现将一些对部分渔药敏感的鱼类（包括其他水产动物）和药物名称分别汇集如下，以供广大养殖户参考。

（1）淡水白鲳　对有机磷等渔药最为敏感，敌百虫、敌敌畏等均属绝对禁用的药物。

（2）鳜鱼　对敌百虫、氯化铜等较敏感，敌百虫 0.2 毫克/升以上就会导致鳜鱼死亡；0.7 毫克/升以上的氯化铜也能造成鳜鱼中毒死亡。因此在鳜鱼池中不能使用这些药物。

（3）加州鲈　对敌百虫最为敏感，一定要慎用。据试验，用晶体敌百虫全池泼洒时，浓度严格控制在 0.3 毫克/升以下较为安全。

（4）乌鳢　对硫酸亚铁十分敏感，因此在乌鳢的人工养殖中防治鱼病时应慎用或不用硫酸亚铁。

（5）虹鳟　对敌百虫、高锰酸钾较为敏感，水温在 11.5～13.5℃时，敌百虫对虹鳟的安全浓度为 0.049 毫克/升，特别是虹鳟幼鱼的敏感性较强。

（6）河蟹　河蟹对晶体敌百虫、硫酸铜较为敏感，一定要慎用，全池泼洒时敌百虫浓度控制在 0.3 毫克/升以下、硫酸铜浓度控制在 0.7 毫克/升以下较为安全。

（7）青虾　青虾对杀灭菊酯、晶体敌百虫、硫酸铜等较为敏感，应禁用或慎用，特别对敌杀死十分敏感，应禁止使用。全池泼洒时，控制敌百虫浓度在 0.013 毫克/升以下、硫酸铜浓度在 0.3 毫克/升以下较为安全。

（8）罗氏沼虾　对敌百虫特别敏感，应严禁使用。药物使用控制量为：漂白粉在 1 毫克/升以下，硫酸铜在 0.3 毫克/升以下，生石灰在 25 毫克/升以下。

（9）鱼、虾、蟹混养　鱼、虾、蟹混养时，对晶体敌百虫、硫酸铜应禁用或慎用。全池泼洒常用药物浓度控制量：生石灰 10～15 毫克/升，优氯净 0.3～0.6 毫克/升，土霉素 0.1 毫克/升，硫酸锌 0.5～1.0 毫克/升，福尔马林 10～25 毫克/升。

十、 休药期

食用鱼上市前，应有休药期。休药期是指受试动物从最后一次给药到该动物上市可供人安全消费的时间间隔。休药期的长短应以确保上市水产品的残留量符合 NY 5070 要求（表 6-1）而定。

表 6-1　常用渔药休药期

序号	药物名称	停药期/天
1	敌百虫(90%晶体)	≥10
2	漂白粉	≥5
3	二氯异氰尿酸钠	≥10
4	三氯异氰尿酸	≥10
5	二氧化氯	≥10
6	土霉素	≥30
7	磺胺间甲氧嘧啶及其钠盐	≥37

十一、 禁用的渔药

1. 我国相关机构发布的禁用渔药

禁用渔药包括以下种类及品种：六六六、林丹、毒杀芬、滴滴涕、甘汞、硝酸亚汞、醋酸汞、呋喃、杀虫脒、双甲脒、氟氯氰菊酯、五氯酚钠、孔雀石绿、锥虫胂胺、酒石酸锑钾、磺胺噻唑、磺胺脒、呋喃西林、呋喃唑酮、呋喃那斯、氯霉素、红霉素、杆菌肽锌、泰乐菌素、环丙沙星、阿伏帕星、喹乙酸、速达肥、己烯雌酚、甲睾酮。

2. 关于禁用药的说明

（1）氯霉素　该药对人类的毒性较大，可抑制骨髓造血功能，造成过敏反应，引起再生障碍性贫血（包括白细胞减少、红细胞减少、血小板减少等），此外，该药还可引起肠道菌群失调及抑制抗体的形成。该药已在国外较多国家被禁用。

（2）呋喃唑酮　呋喃唑酮残留会对人类造成潜在危害，可引起溶血性贫血、多发性神经炎、眼部损害和急性肝坏死等病。目前在欧盟等地已被禁用。

（3）甘汞、硝酸汞、醋酸汞和吡啶基醋酸汞　汞对人体有较大的毒性，极易产生富集性中毒，出现肾损害。国外已在水产养殖上禁用这类药物。

（4）孔雀石绿　孔雀石绿有较大的副作用，它能溶解足够多的锌，引起水生动物急性锌中毒，更严重的是，孔雀石绿是一种致癌、致畸药物，可对人类造成潜在的危害。

（5）杀虫脒和双甲脒　我国在发布的农药安全使用规定中把杀虫脒列为高毒药物，1989年已宣布杀虫脒作为淘汰药物；双甲脒不仅毒性高，其中间代谢产物对人体也有致癌作用。该类药物还可通过食物链的传递，对人体造成潜在的致癌危险。该类药物在国外已被禁用。

（6）林丹、毒杀芬　均为有机氯杀虫剂。其最大的特点是自然降解慢，残留期长，有生物富集作用，有致癌性，对人体功能性器官有损害等。该类药物国外已经禁用。

（7）甲睾酮、己烯雌酚　属于激素类药物。在水产动物体内的代谢较慢，极小的残留都可对人类造成危害。

甲睾酮对妇女可能会引起类似早孕的反应及乳房胀、不规则大出血等；大剂量应用会影响肝脏功能；孕妇有女胎男性化和致畸胎发生，容易引起新生儿溶血及黄疸。

己烯雌酚可引进恶心、呕吐、食欲不振、头痛反应，损害肝脏和肾脏，可引起子宫内膜过度增生，导致孕妇胎儿畸形。

（8）喹乙醇　主要作为一种化学促生长剂在水产动物饲料中添加，它的抗菌作用是次要的。由于该药的长期添加，已发现对水产养殖动物的肝、肾能造成很大的破坏，引起水产养殖动物肝脏肿大、腹水，造成水产动物死亡。如果长期使用该类药，则会造成耐药性产生，导致肠球菌病广为流行，严重危害人类健康。欧盟等已经禁用。

第四节　常见鱼病的防治

一、 病毒性疾病的防治

1. 鲤春病毒病的防治

（1）症状特征　病鱼漫无目的地漂游，身体发黑，消瘦，反应迟钝，鱼体失去平衡，经常头朝下作滚动状游动，腹部肿大、腹水、肛门红肿，皮肤和鳃渗血。

（2）治疗方法

① 注射鲤春病毒抗体，可抵抗鱼类再次感染。

② 用亚甲基蓝拌饲料投喂，用量为 1 龄鱼每尾每天 20～30 毫克，2 龄鱼每尾每天 35～40 毫克，连喂 10 天，间隔 5～8 天后再投饲 10 天，共喂 3～4 次为一个疗程。对亲鱼可以按 3 毫克/千克鱼体重的用药量，料中拌入亚甲基蓝，连喂 3 天，休药 2 天后再喂 3 天，共投喂 3 次为一个疗程。

③ 用含碘量 100 毫克/升的碘伏浴洗 20 分钟。

2. 痘疮病的防治

（1）症状特征　发病初期，鱼体表或尾鳍上出现乳白色小斑点，并覆盖着一层很薄的白色黏液；随着病情的发展，病灶部分的表皮增厚而形成大块石蜡状的"增生物"；这些增生物长到一定大小之后会自动脱落，而在原处再重新长出新的"增生物"。病鱼消瘦，游动迟缓，食欲较差，沉在水底，陆续死亡。

（2）治疗方法

① 用 20 毫克/升的三氯异氰尿酸浸洗鱼体 40 分钟。

② 遍洒三氯异氰尿酸，使水体呈 0.4～1.0 毫克/升的浓度，10 天后再施药 1 次。

③ 用 10 毫克/升浓度的溴氯海因浸洗鱼体后，再遍洒二氯异氰尿酸

钠，使水体药物浓度 0.5～1.0 毫克/升，10 天后再用同样的浓度遍洒。

3. 出血病的防治

（1）症状特征　病鱼眼眶四周、鳃盖、口腔和各种鳍条的基部充血。如将皮肤剥下，肌肉呈点状充血，严重时体色发黑，眼球突出，全部肌肉呈血红色，某些部位有紫红色斑块，病鱼呆浮或沉底懒游。打开鳃盖可见鳃部呈淡红色或苍白色。轻者食欲减退，重者拒食、体色暗淡、消瘦、分泌物增加，有时并发水霉病、败血症而死亡。

（2）治疗方法

① 用溴氯海因 10 毫克/升浓度浸洗鱼体 50～60 分钟，再用三氯异氰尿酸 0.5～1.0 毫克/升浓度全池遍洒，10 天后再用同样浓度全池遍洒。

② 严重者在 10 千克水中，放入 100 万单位的卡拉霉素或 8 万～16 万单位的庆大霉素，病鱼水浴静养 2～3 小时，多则半天后换入新水饲养，每日一次，一般 2～3 次即可治愈。

③ 用敌百虫全池泼洒，使池水药物浓度 0.5～0.8 毫克/升；用高锰酸钾溶液全池泼洒，使池水药物浓度 0.8 毫克/升；用强氯精全池泼洒，使池水药物浓度 0.3～0.4 毫克/升。

4. 传染性造血器官坏死病的防治

（1）症状特征　发病鱼游动迟缓，但是对于外界的刺激反应敏锐，池塘地面的微震和响动都会使病鱼突然出现回旋急游，病情加剧后，体色变暗发黑、眼球突出、拒食、腹水、口腔出现淤血点，往往在剧烈游动后不久就死亡。鱼体腹部膨大，腹部和鳍基部充血，眼球外突，鳃丝贫血而苍白，肛门口常拖着长而较粗的白色黏液粪便。

（2）预防措施　加强日常管理，尤其是做好水质管理，提高饵料营养水平。

（3）治疗方法

① 用 20 毫克/升的聚维酮碘浸洗鱼体 5～10 分钟。

② 聚维酮碘与大黄等抗病毒中药用黏合剂混合，拌入饵料中投喂。

③ 每千克鱼用氯苯尼考 60～80 毫克＋多种维生素 0.5 毫克，连续投喂 5～7 天。

二、 细菌性疾病的防治

1. 细菌性败血症的防治

（1）症状特征 患病早期及急性感染时，病鱼的上下颌、口腔、鳃盖、眼睛、鳍基及鱼体两侧均出现轻度充血，肠内尚有少量食物。当病情严重时，病鱼体表严重充血，眼眶周围也充血，眼球突出，肛门红肿，腹部膨大，腹腔内积有淡黄色或红色腹水。

（2）防治方法

① 投喂复方新诺明药物饲料，按10克/千克鱼体重的用药量拌入饲料内，制成药饵投喂，每天1次，连用3天为一个疗程。

② 泼洒优氯净使水体中的药物浓度达到0.6毫克/升或泼洒稳定性粉状二氧化氯，使水体中的药物浓度达到0.2～0.3毫克/升。

③ 在该病的流行季节，定期用显微镜检查鱼体，若发现寄生虫，应该及时杀灭。

2. 链球菌病的防治

（1）病症特征 病鱼眼球浑浊、充血、突出，鳃盖发红，肠道发红，腹部积水，肝脏肿大充血、体表褪色等。

（2）治疗方法

① 病鱼池用漂白粉泼洒，每立方米用药为1克；病鱼池用三氯异氰尿酸泼洒，每立方米用药为0.4～0.5克；病鱼池用漂粉精泼洒，每立方米用药为0.5～0.6克；病鱼池用优氯净泼洒，每立方米用药为0.5～0.6克。

② 每100千克鱼每天用土霉素2～8克拌饲料投喂，连喂5～7天。

③ 每100千克鱼每天用磺胺甲基嘧啶10～20克拌饲料投喂，一天1次，连喂5～7天。

3. 溃疡病的防治

（1）病症特征 病鱼游动缓慢，独游，眼睛发白，皮肤溃烂，溃疡损害只限于皮肤和骨骼。溃疡区多为圆形，直径达1厘米。

（2）治疗方法

① 用食盐或福尔马林对溃疡区消毒，效果较好。

② 在饵料中掺入 1％～3％庆大霉素或甲砜霉素、磺胺嘧啶，连续用药 5 天。

③ 氟苯尼考、金霉素、土霉素、四环素等抗生素，每天每千克鱼体重用药 30～70 毫克（制成药饵），连续投喂 5～7 天。

4. 疖疮病的防治

（1）症状特征　鱼体病灶部位皮肤及肌肉组织发生脓疮，隆起红肿，用手摸有柔软浮肿的感觉。脓疮内部充满脓汁和细菌。脓疮周围的皮肤和肌肉发炎充血，严重时肠也充血。鳍基部充血，鳍条裂开。

（2）治疗方法

① 用复方新诺明喂鱼。每 50 千克鱼第 1 天用药 5 克，第 2～6 天用药量减半。药物与面粉拌和投喂，连喂 6 天。

② 每 100 千克鱼每天用氟哌酸 5 克拌饲料，分上午、下午两次投喂，连喂 15～20 天。

③ 每 100 千克鱼每天用盐酸土霉素 5～7 克拌饲料，分上午、下午两次投喂，连喂 10 天。

5. 白皮病的防治

（1）症状特征　发病初期，在尾柄或背鳍基部出现一小白点，以后迅速蔓延扩大病灶，致使鱼的后半部全呈白色。病情严重时，病鱼的尾鳍全部烂掉，头向下，尾朝上，身体与水面垂直，不久即死亡。

（2）治疗方法

① 用 2～4 毫克/升浓度的五倍子捣烂，用热水浸泡，连渣带汁泼洒全池。

② 用 2％～3％食盐水浸洗病鱼 20～30 分钟。

③ 每亩水深 1 米用菖蒲 1 千克、枫树叶 5 千克、辣蓼 3 千克、杉树叶 2 千克，煎汁后加入尿 20 千克，全池泼洒。

6. 竖鳞病的防治

（1）症状特征　病鱼体表肿胀粗糙，部分或全部鳞片张开似松果状，鳞片基部水肿充血，严重时全身鳞片竖立，用手轻压鳞片，鳞囊中的渗出液即喷射出来，随之鳞片脱落，后期鱼腹膨大，鱼体失去平衡，不久死亡。有的病鱼伴有鳍基充血，皮肤轻度充血，眼球外突；有的病鱼则表现为腹部膨大，腹腔积水，反应迟钝，浮于水面。

（2）治疗方法

① 在患病早期，刺破水泡后涂抹抗生素和敌百虫的混合液，产卵池在冬季要进行干池清整，并用漂白粉消毒。

② 用浓度为 2% 的食盐溶液浸洗鱼体 5～15 分钟，每天 1 次，连续浸洗 3～5 次。

③ 泼洒二氯异氰尿酸钠，水温在 20℃ 以下时，使水体中的药物浓度达到 1.5～2 毫克/升。

④ 在 50 千克水中加入捣烂的大蒜头 0.25 千克，给病鱼浸泡数次，有较好疗效。

7. 皮肤发炎充血病的防治

（1）症状特征　皮肤发炎充血，以眼眶四周、鳃盖、腹部、尾柄等处较常见，有时鳍条基部也有充血现象，严重时鳍条破裂。病鱼浮在水表面或沉在水底部，游动缓慢，反应迟钝，食欲较差，重者导致死亡。

（2）治疗方法

① 用二氧化氯或二氯异氰尿酸钠 0.2～0.3 毫克/升浓度全池遍洒。如果病情严重，浓度可增加到 0.5～1.2 毫克/升，疗效更好。

② 用三氯异氰尿酸 2.0～2.5 毫克/升浸洗鱼体 30～50 分钟，每天一次，连续 3～5 天。

③ 用链霉素或卡那霉素注射，每千克鱼腹腔注射 12 万～15 万国际单位，第 5 天加注一次。

8. 打印病的防治

（1）症状特征　发病部位主要在背鳍和腹鳍以后的躯干部分，其次是腹部侧或近肛门两侧，少数发生在鱼体前部。病初先是皮肤、肌肉发炎，出现红斑，后扩大成圆形或椭圆形，边缘光滑，分界明显，似烙印，俗称"打印病"。随着病情的发展，鳞片脱落，皮肤、肌肉腐烂甚至穿孔，可见到骨骼或内脏。病鱼身体瘦弱，游动缓慢，严重发病时，陆续死亡。

（2）治疗方法

① 每尾鱼注射青霉素 10 万国际单位，同时用高锰酸钾溶液擦洗患处，每 500 克水用高锰酸钾 1 克。

② 用 2.0～2.5 毫克/升溴氯海因浸洗。

③ 发现病情时，及时用 1% 三氯异氰尿酸溶液涂抹患处，并用相同的药物泼洒，使水体中的药物浓度达到 0.3～0.4 毫克/升。

9. 肠炎的防治

（1）症状特征　病鱼呆滞，反应迟钝，离群独游，鱼体发黑，行动缓慢，厌食甚至失去食欲，鱼体发黑，头部、尾鳍更为显著，腹部膨大、出现红斑，肛门红肿，初期排泄白色线状黏液或便秘。严重时，轻压腹部有血黄色黏液流出。有时病鱼停在池塘角落不动，作短时间的抽搐至死亡。

（2）治疗方法

① 每升水用 1.2 克二氧化氯，将病鱼放在水中浸洗 10 分钟，用药 2～3 次，效果很好。

② 每升水中放庆大霉素 10 支或金霉素 10 片或土霉素 25 片，然后将病鱼浸浴 15 分钟，有一定疗效。

③ 在 50 千克水中溶氟哌酸 0.1～0.2 克，然后将病鱼浸洗 20～30 分钟，每日一次。

④ 饲料中添加新霉素，每千克饲料添加 1.5 克，连喂 5～7 天。

10. 黏细菌性烂鳃病的防治

（1）症状特征　鳃部腐烂，带有一些污泥，鳃丝发白，有时鳃部尖端组织腐烂，造成鳃边缘残缺不全，有时鳃部某一处或多处腐烂，不在边缘处。鳃盖骨的内表皮充血、发炎，中间部分的表皮常被腐蚀成一个略呈圆形的透明区，露出透明的鳃盖骨，俗称"开天窗"。由于鳃部组织被破坏，造成病鱼呼吸困难，常游近水表呈浮头状，行动迟缓，食欲不振。

（2）治疗方法

① 及时采用杀虫剂杀灭鱼体鳃上和体表的寄生虫。

② 用漂白粉 1 毫克/升浓度全池遍洒。

③ 用中药大黄 2.5～3.75 毫克/升浓度，每 0.5 千克大黄（干品）用 10 千克淡的氨水（0.3%）浸洗 12 小时后，大黄溶解，连药液、药渣一

起全池遍洒。

④ 在 10 千克的水中溶解 11.5％浓度的氯胺丁 0.02 克，浸洗鱼体 15～20 分钟，多次用药后见效。

三、 原生动物性疾病的防治

1. 小爪虫病的防治

（1）症状特征　患病初期，病鱼胸鳍、背鳍、尾鳍和体表皮肤均有大量小爪虫密集寄生时形成的白点状囊泡，严重时全身皮肤和鳍条满布着白点和盖着白色的黏液。后期体表如同覆盖一层白色薄膜，黏液增多，体色暗淡无光。病鱼身体瘦弱，聚集在鱼缸的角上、水草上、石块上互相挤擦，鳍条破裂，鳃组织被破坏，食欲减退，常呆滞状漂浮在水面不动或缓慢游动，终因呼吸困难死亡。

（2）治疗方法

① 用福尔马林 2 毫克/升浸洗鱼体，水温 15℃以下时浸洗 2 小时；水温 15℃以上时，浸洗 1.5～2 小时，浸洗后在清水中饲养 1～2 小时，使死掉的虫体和黏液脱落。

② 用 0.01 毫克/升的甲苯咪唑浸洗 2 小时，6 天后重复一次，浸洗后在清水中饲养 1 小时。

③ 用 200～250 毫克/升的福尔马林和 0.02 毫克/升的左旋咪唑合剂浸洗 1 小时，6 天后重复一次，浸洗后在清水中饲养 1 小时。

④ 每亩水深 1 米，用青木香 1 千克、海金沙 1 千克、芒硝 1 千克、白芍 0.25 千克和归尾 0.25 千克，煎水加大粪 7.5 千克泼洒，可预防此病。

2. 斜管虫病的防治

（1）症状特征　斜管虫寄生于鱼的皮肤和鳃，使局部分泌物增多，逐渐形成白色雾膜，严重时遍及全身。病鱼消瘦，鳍萎缩不能充分舒展，呼吸困难，呈浮头状，食欲减退，漂游于水面或池边，随之发生死亡。

（2）治疗方法

① 用 2％～5％食盐水浸洗鱼体 5～15 分钟。

② 用 20 毫克/升高锰酸钾溶液浸洗病鱼，水温 10～20℃时，浸洗

20～30分钟；20～25℃时，浸洗15～30分钟。

③ 水温在10℃以下时，全池泼洒硫酸铜及硫酸亚铁合剂（5∶2），使药物在池水中浓度0.6～0.7毫克/升。

④ 用药物浓度为2毫克/升的福尔马林溶液浸洗病鱼，水温15℃以下时，浸洗2～2.5小时；15℃以上时，浸洗1.5～2小时。将浸洗后的鱼体在清水中饲养1～2小时，使死掉的虫体和黏液脱掉后，再放回饲养池饲养。

3. 车轮虫病的防治

（1）症状特征　车轮虫主要寄生于鱼鳃、体表、鱼鳍或者头部。大量寄生时，鱼体密集处出现一层白色物质，虫体以附着盘附着在鱼体上，不断转动，虫体的齿钩能使鳃上皮组织脱落、增生、黏液分泌增多，鳃丝颜色变淡、不完整，病鱼体发暗，消瘦，失去光泽，食欲不振甚至停食，游动缓慢或失去平衡，常浮于水面。

（2）治疗方法

① 用25毫克/升福尔马林药浴处理病鱼15～20分钟或福尔马林15～20毫克/升全池泼洒。

② 每亩水深0.8米用枫树叶15千克浸泡于饲料台下。

③ 8毫克/升硫酸铜浸洗鱼体20～30分钟，或1%～2%食盐水，浸洗2～10分钟。

④ 0.5毫克/升硫酸铜、0.2毫克/升硫酸亚铁合剂，全池泼洒。

4. 黏孢子虫病的防治

（1）症状特征　鱼体的体表、鳃、肠道、胆囊等器官能形成肉眼可见的大白色孢囊，使鱼生长缓慢或死亡。严重感染时，胆囊膨大而充血，胆管发炎，孢子阻塞胆管。鱼体色发黑，身体瘦弱。

（2）治疗方法

① 0.5～1毫克/升敌百虫全池泼洒，两天为一个疗程，连用两个疗程。

② 亚甲基蓝1.5毫克/升，全池泼洒，隔天再泼洒一次。

③ 饲养容器中遍洒福尔马林，使水体中的药物浓度达到30～40毫克/升，每隔3～5天一次，连续3次。

5. 碘泡虫病的防治

（1）症状特征　鲢碘泡虫在病鱼各个器官中均可见到，但主要寄生在脑、脊髓、脑颅腔的淋巴液内。病鱼极度消瘦，体色暗淡丧失光泽，尾巴上翘，在水中狂游乱窜，打圈子或钻入水中复又起跳，似疯狂状态，故称"疯狂病"。病鱼失去正常活动能力，难以摄食，最终死亡。

（2）治疗方法　鱼种放养前，用 500 毫克/升高锰酸钾充分溶解后，浸洗鱼种 30 分钟，能杀灭 60%～70%孢子。

四、 真菌性疾病的防治

1. 打粉病的防治

（1）症状特征　发病初期，病鱼拥挤成团，或在水面形成环游不息的小团。病鱼初期体表黏液增多，背鳍、尾鳍及体表出现白点，白点逐渐蔓延至尾柄、头部和鳃内。继而白头相接重叠，周身好似穿了一层白衣，病鱼早期食欲减退，呼吸加快，口不能闭合，有时喷水，精神呆滞，腹鳍不畅，很少游动，最后鱼体逐渐消瘦，呼吸受阻而死。

（2）治疗方法

① 用生石灰 5～20 毫克/升浓度全池遍洒，既能杀灭嗜酸性卵甲藻，又能把池水调节成微碱性。

② 用碳酸氢钠（小苏打）10～25 毫克/升全池遍洒。

2. 水霉病的防治

（1）症状特征　病鱼体表或鳍条上有灰白色如棉絮状的菌丝。水霉从鱼体的伤口侵入，开始寄生于表皮，逐渐深入肌肉，吸取鱼体营养，大量繁殖，向外生出灰白或青白色菌丝，严重时菌丝厚而密，有时菌丝着生处有伤口充血或溃烂。病鱼游动迟缓，食欲减退，离群独游，最后衰竭死亡。

（2）治疗方法

① 用亚甲基蓝 0.1%～1%浓度水溶液涂抹伤口和水霉着生处或用亚

甲基蓝 60 毫克/升浓度浸洗鱼体 3～5 分钟。

② 每立方米水体用五倍子 2 克煎汁全池泼洒。

③ 用食盐 400～500 毫克/升和碳酸氢钠 400～500 毫克/升合剂全池遍洒。

④ 菊花 0.75 千克、金银花 0.75 千克、黄檗 1.5 千克、青木香 1.5 千克、苦参 2.5 千克组成配方，研制成细末，每亩 1 米水深用配制成的细末 0.5 千克左右，加水全池泼洒。另外用食盐 1.5 千克左右，每 0.25 千克 1 包，用布包好，吊挂于鱼池四周水下 15～30 厘米处即可。

3. 鳃霉病的防治

（1）症状特征　病鱼食欲减退，呼吸困难，游动迟缓，鳃丝黏液增多，鳃上有出血、缺血或淤血的斑点，出现花鳃样。严重的病鱼鳃呈青灰色，很快死亡。

（2）治疗方法

① 在疾病流行季节，定期灌注新水。

② 全池遍洒生石灰 30 毫克/升，5 天后再洒一次。

③ 全池遍洒漂白粉 2 毫克/升，5 天后再洒一次。

④ 每立方米水体用五倍子 2～5 克。先将五倍子捣碎成粉状，加 10 倍左右的水，煮沸后再煮 2～3 分钟，用水稀释后全池泼洒。

五、 蠕虫性疾病的防治

1. 指环虫病的防治

（1）症状特征　指环虫寄生于鱼鳃，随着虫体的增多，鳃丝受到破坏，后期鱼鳃明显肿胀，鳃盖张开难以闭合，鳃丝灰暗或苍白，有时在鱼体的鳍条和体表也能发现有虫体寄生。病鱼初期不安，呼吸困难，有时急剧侧游，在水草丛中或池边摩擦，企图摆脱指环虫的侵扰；晚期游动缓慢，食欲不振，鱼体贫血、消瘦。

（2）治疗方法

① 晶体敌百虫 0.5～1 毫克/升，全池泼洒。

② 高锰酸钾 20 毫克/升，在水温 10～20℃时浸洗鱼体 20～30 分钟，

20～25℃时浸洗 15 分钟，25℃以上时浸洗 10～15 分钟。

③ 用 90%的晶体敌百虫溶液泼洒，使水体中的药物浓度达到 0.2～0.4 毫克/升。

2. 三代虫病的防治

（1）症状特征　少量寄生时，鱼体没有明显的症状，只是在水中显示不安的游泳状，鱼的局部黏液增多，呼吸困难，体表无光。随着寄生数量的增加，病鱼体表有一层灰白色的黏液膜，病鱼瘦弱，初期呈极度不安，时而狂游于水中，继而食欲减退，游动缓慢，最终死亡。

（2）治疗方法

① 在水温 10～20℃的条件下，用 20 毫克/升浓度的高锰酸钾水溶液浸洗病鱼 10～20 分钟。

② 0.7 毫克/升的晶体敌百虫的水溶液浸洗病鱼 15～20 分钟后，再用清水洗去鱼体上的药液，放回缸中精心饲养。

③ 用 0.2～0.4 毫克/升浓度的晶体敌百虫溶液全池遍洒。

3. 嗜子宫线虫病的防治

（1）症状特征　只有少数嗜子宫线虫寄生时，鱼没有明显的患病症状。虫体寄生在病鱼鳍条中，导致鳞片隆起，鳞下盘曲有红色线虫，鳍条充血，鳍条基部发炎。虫体破裂后，可以导致鳍条破裂，往往引起细菌病、水霉病继发。

（2）治疗方法

① 用细针仔细挑破鳍条或挑起鳞片，将虫体挑出，然后用 1%二氯异氰尿酸钠溶液涂抹伤口或病灶处，每天 1 次，连续 3 天。

② 用三氯异氰尿酸泼洒，水温 25℃以上时，使水体中的药物浓度达到 0.1 毫克/升，20℃以下时，用药浓度为 0.2 毫克/升，可促进鱼体伤口愈合。

③ 用二氧化氯泼洒，使水体中的药物浓度达到 0.3 毫克/升，可以预防继发性的细菌性疾病的发生。

4. 原生动物性烂鳃病的防治

（1）症状特征　病鱼鳃部明显红肿，鳃盖张开，鳃失血，鳃丝发白、破坏、黏液增多，鳃盖半张。病鱼游动缓慢，鱼体消瘦，体色暗淡；呼吸困难，常浮于水面，严重时停止进食，最终因呼吸受阻而死。

（2）治疗方法

① 用利凡诺 20 毫克/升浓度浸洗病鱼。水温为 5～10℃时，浸洗15～30 分钟；21～32℃时，浸洗 10～15 分钟，用于早期的治疗。

② 用利凡诺 0.8～1.5 毫克/升浓度全池遍洒。

③ 用晶体敌百虫 0.1～0.2 克溶于 10 千克水中，浸泡病鱼 5～10 分钟。

④ 投喂药饵，第 1 天用甲砜霉素 2 克拌饵投喂，第 2～3 天用药各 1 克，连续投喂 6 天为一个疗程到痊愈。

六、 甲壳性疾病的防治

1. 中华鳋病的防治

（1）症状特征　少量虫体寄生时一般无明显症状，大量虫体寄生时，则可能导致病鱼呼吸困难，焦躁不安，在水表层打转或狂游，尾鳍上叶常露出水面，最后因消瘦、窒息而死。病鱼鳃上黏液很多，鳃丝末端膨大成棒状，苍白而无血色，膨大处上面则有淤血或有出血点。

（2）治疗方法

① 用90%的晶体敌百虫泼洒，使池水中的药物浓度达到 0.2～0.3 毫克/升，每间隔 5 天用药 1 次，连续用药 3 次为一个疗程。

② 用硫酸铜和硫酸亚铁合剂（两者比例为 5∶2）泼洒，使池水中药物浓度达到 0.7 毫克/升。

③ 用 2.5%的溴氰菊酯泼洒，使池水中的药物浓度达到 0.02～0.03 毫克/升。

2. 锚头鳋病的防治

（1）症状特征　发病初期，病鱼呈现急躁不安，食欲不振，继而鱼体逐渐瘦弱，仔细检查鱼体可见一根根针状虫体，插入肌肉组织，虫体四周发炎红肿，有因溢血而出现的红斑，继而鱼体组织坏死，严重时可造成病鱼死亡。当寄生的虫体较多时，鱼体上像披蓑衣一样。

（2）治疗方法

① 鱼体上有少数虫体时，可立即用剪刀将虫体剪断，用紫药水涂抹伤口，再用二氧化氯溶液泼洒，以控制从伤口处感染致病菌。

② 用浓度为1%的高锰酸钾水溶液涂抹虫体和伤口，经过30～40秒后放入水中，次日再涂药一次；同样用三氯异氰尿酸溶液泼洒，使水体中药物浓度呈1～1.5毫克/升，水温25～30℃时，每日一次共三次即可。

③ 用2.5%的溴氰菊酯泼洒，使池水中的药物浓度达到0.02～0.03毫克/升。

④ 用90%的晶体敌百虫泼洒，使池水中的药物浓度达到0.2～0.3毫克/升。

3. 鲺病的防治

（1）症状特征　鱼鲺同锚头蚤一样寄生于鱼体，肉眼可见，常寄生于鳍上。鱼鲺在鱼体爬行叮咬，使鱼急躁不安急游或摩擦池壁，或跃于水面，或急剧狂游，百般挣扎、翻滚；鱼鲺寄生于一侧，可使鱼失去平衡。病鱼食欲大减，瘦弱，伤口容易感染，皮肤发炎、溃烂。

（2）治疗方法

① 如果是少数鲺寄生，可用镊子一一取下，这种方法见效最快，但是极易对鱼造成伤害，一定要小心操作。

② 把病鱼放入1.0%～1.5%的食盐水中，经2～3天即可驱除寄生虫。

③ 用高锰酸钾或敌百虫（每立方米加入90%的晶体敌百虫0.7克）清洗。

④ 把鱼放入3%的食盐溶液中浸泡15～20分钟，使鲺从鱼体上脱落。

七、 非寄生性疾病的防治

1. 感冒和冻伤的防治

（1）症状特征　鱼停于水底不动，严重时浮于水面，皮肤和鳍失去原有光泽，颜色暗淡，体表出现一层灰白色的翳状物，鳍条间粘连，不能舒展。病鱼没精神，食欲下降，逐渐瘦弱以致死亡。

（2）治疗方法

① 注意换水时及冬季温度变化时，防止温度的变化过大，可有效预防此病，一般新水和老水之间的温度差应控制在2℃以内，换水时宜少量多次地逐步加入。

② 对不耐低温的鱼类应该在冬季到来之前将其移入温室内或加温饲养。

③ 适当提高温度，用小苏打或1%食盐溶液浸泡病鱼，可以渐渐使鱼恢复健康。

2. 气泡病的防治

(1) 症状特征　病鱼体表、鳍条（尤其是尾鳍）、鳃丝、肠内出现许多大小不同的气泡，身体失衡，尾上头下浮于水面，无力游动，无法摄食。鱼体上出现了气泡病，如不及时处理，病鱼体上的微小气泡能串联成大气泡而难以治疗。在鱼的尾鳍鳍条上有许多斑斑点点的气泡，小米粒大。严重时尾鳍上既有气泡，还有像血丝样的红线。如鱼体再有外伤，伤口会红肿、溃烂、感染疾病。有时胸鳍和背鳍也布满气泡，若管理不当也会造成死亡。

(2) 治疗方法

① 发病时立即加注新水，排出部分原池水，或将鱼移入新水中静养一天左右，病鱼体上的微小气泡可以消失。

② 对有外伤的鱼，可在伤口处涂抹红汞水，并在消毒池中浸泡5～6分钟，2～3天就能恢复原状。

③ 已发生了气泡病，可迅速冲注新水，每亩水深0.66米可用生石膏4千克、车前草4千克与黄豆打成浆，全池泼洒。

八、营养性疾病的防治

1. 营养缺乏症的防治

(1) 症状特征　病鱼游动缓慢，体色暗淡，食欲不振。有的眼睛突出，生长缓慢，大部分病鱼均患有脂肪肝综合征，若遇到外界刺激，如水质突变、降温、拉网等刺激，则应激能力差，会发生大批死亡。病鱼生长缓慢，经检查无寄生虫病和细菌病，可确定为营养性疾病。

（2）治疗方法

① 使用脂肪含量高的饲料，并添加维生素 C 和 B 族维生素。

② 在饲料中添加 DL-蛋氨酸，混饲，添加量 15～60 毫克/千克体重（即 0.5～2 克/千克饲料）。

③ 在饲料中添加 L-赖氨酸盐酸盐，混饲，添加量 30～150 毫克/千克体重（即 1～5 克/千克饲料）。

2. 消化不良的防治

（1）症状特征　病鱼食欲不振，大便不通，腹部发胀，易引发肠炎。大便长期不脱落，腹壁充血，肛门微红，压之流出黄水，不久即会死亡。

（2）治疗方法

① 将患病鱼移入清水中，停止喂食。

② 并发肠炎时，可用土霉素、庆大霉素等治疗。

③ 加入少量氟哌酸（即 50 千克水中投药 0.1～0.2 克）或用复方新诺明（按 50 千克水中投药 0.1～0.2 克）。

3. 萎瘪病的防治

（1）症状特征　病鱼体色发黑、消瘦、背似刀刃，鱼体两侧肋骨可数，头大。鳃丝苍白，严重贫血，游动无力，严重时鱼体因失去食欲，长时间不摄食，衰竭而死。

（2）治疗方法　发现病鱼及时适量投喂鲜活饵料，在疾病早期使病鱼恢复健康。

及时按规格分池饲养，投喂充足饵料。

4. 跑马病的防治

（1）症状特征　病鱼围绕池边成群地狂游，呈跑马状，即使驱赶鱼群也不散开。最后鱼体因大量消耗体力，消瘦、衰竭而死。

（2）治疗方法

① 发生跑马病后，如果不是由车轮虫等寄生虫引起的，可采用芦席从池边隔断鱼群游动的路线，并投喂豆渣、豆饼浆或蚕粪粉等鱼苗喜食饵料，不久即可制止其群游现象。

② 可将饲养池中的苗种分养到已经培养出大量浮游动物的饲养池中

饲养。

九、 敌害类疾病的防治

1. 甲虫防治方法

① 生石灰清塘，以水深 1 米计，每亩水面施生石灰 75～100 千克，溶水全池泼洒。

② 用 0.5 毫克/升的 90% 晶体敌百虫全池泼洒。

2. 水斧防治方法

① 生石灰清池。

② 用西维因粉剂溶水全池均匀泼洒。

③ 用 0.5 毫克/升的 90% 晶体敌百虫全池泼洒效果很好。

3. 水螅防治方法

① 清除池水中水草、树根、石头及其他杂物，让水螅没有栖息场所而无法生存。

② 用 0.5 毫克/升的 90% 晶体敌百虫全池泼洒。

4. 水蜈蚣防治方法

① 生石灰清池，以水深 1 米计，每亩水面施生石灰 75～100 千克，溶水全池泼洒。

② 每立方米水体用 90% 晶体敌百虫 0.5 克溶水全池泼洒效果很好。

③ 灯光诱杀，用竹木搭方形或三角形框架，框内放置少量煤油，天黑时点燃油灯，水蜈蚣则趋光而至，接触煤油后会窒息而亡。

5. 红娘华防治方法

① 生石灰清池。

② 用 0.5 毫克/升的 90% 晶体敌百虫全池泼洒。

6. 水鳖虫防治方法

① 生石灰清塘。

② 用 0.5 毫克/升的 90%晶体敌百虫全池泼洒。

7. 水网藻防治方法

① 生石灰清塘。

② 大量繁殖时全池泼洒 0.7～1 毫克/升硫酸铜溶液，用 80 毫克/升的生石膏粉分三次全池泼洒，每次间隔时间 3～4 天，放药在下午喂鱼后进行，放药后注水 10～20 厘米效果更好。

8. 青泥苔防治方法

① 生石灰清塘。

② 全池泼洒 0.7～1 克/米^3 硫酸铜溶液。

③ 投放鱼苗前每亩水面用 50 千克草木灰撒在青泥苔上，使其不能进行光合作用而大量死亡。

④ 按每立方米水体用生石膏粉 80 克分三次均匀全池泼洒，每次间隔时间 3～4 天，青泥苔严重时用量可增加 20 克，放药在下午喂鱼后进行，放药后注水 10～20 厘米效果更好。此法不会使池水变瘦，也不会造成缺氧，半个月内可杀灭全部青泥苔。

9. 其他敌害的防治

对养殖鱼类造成极大危害的敌害主要有蛇、蟾蜍、青蛙（包括其卵及蝌蚪）、田鼠、鸭及水鸟等。根据不同的敌害应采取不同的处理方法，见到青蛙的受精卵和蝌蚪就要立即捞走；对于水鸟可用鞭炮或扎稻草人或用死的水鸟来驱赶；对于鸭子则要加强监管工作，不能放任其下塘；对于鼠类可用地笼、鼠夹等诱杀，见到鼠洞立即灌药杀灭。

参 考 文 献

[1] 占家智，羊茜. 施肥养鱼技术 [M]. 北京：中国农业出版社，2002.

[2] 占家智，羊茜. 水产活饵料培育新技术 [M]. 北京：金盾出版社，2002.

[3] 北京市农林办公室. 北京地区淡水养殖实用技术 [M]. 北京：北京科学技术出版社，1992.

[4] 凌熙和. 淡水健康养殖技术手册 [M]. 北京：中国农业出版社，2001.

[5] 戈贤平. 淡水优质鱼类养殖大全 [M]. 北京：中国农业出版社，2004.

[6] 江苏省水产局. 新编淡水养殖实用技术问答 [M]. 北京：中国农业出版社，1992.

[7] 田中二良. 水产药详解 [M]. 北京：农业出版社，1982.

[8] 耿明生. 淡水养鱼招招鲜 [M]. 郑州：中原农民出版社，2010.